OBSERVATIONS

SUR PLUSIEURS

PLANTES NOUVELLES.

Lyon. — Imp. Dumoulin et Ronet,
quai St-Antoine, 55,

OBSERVATIONS

SUR PLUSIEURS

PLANTES NOUVELLES

RARES OU CRITIQUES

DE LA FRANCE,

PAR

ALEXIS JORDAN.

(Lues à la Société Linnéenne de Lyon ,
séances des 10 Août et 9 Novembre 1846.)

TROISIÈME FRAGMENT.

—

SEPTEMBRE 1846.

—

PARIS.

J.-B. BAILLIÈRE, LIBRAIRE,

Rue de l'École-de-Médecine , 17.

LEIPZIG.

T. O. WEIGEL , RUE DU ROI.

—

1846.

OBSERVATIONS

PLUSIEURS PLANTES NOUVELLES,

RARES OU CRITIQUES DE LA FRANCE.

———◄━●❀●━►———

GENRE THLASPI.

Ayant reconnu que l'on confondait généralement sous le nom de *Thlaspi alpestre* L. plusieurs espèces différentes, j'ai cherché laquelle pouvait-être le véritable *T. alpestre* L. afin de lui conserver ce nom; mais mes recherches ont été vaines et n'ont abouti qu'à reconnaître qu'il est impossible d'en rien savoir. Linné, selon sa méthode ordinaire, ne distingue le *T. alpestre* que par des caractères qui ne sont pas du tout des notes spécifiques.

1

Il le compare au *T. perfoliatum* L. qui est *caule ramoso ,* tandis que l'*alpestre* est *caule simplici.* Cette différence dans le genre *Thlaspi* est de très - peu de valeur et ne peut servir à caractériser deux espèces. Les synonymes cités de Bauhin et de Clusius ne sont pas faits pour tirer d'embarras, car je ne crois pas qu'on puisse avec les figures et les descriptions de ces anciens auteurs, déterminer avec certitude une espèce tant soit peu critique. Le premier synonyme cité est celui de Bauhin Pin. 105 , et Linné le donne comme douteux. Le second est encore de Bauhin *T. perfoliatum minus* Pin. 106 ; mais Linné le rapporte en même temps avec doute à la variété B. de son *T. montanum* de sorte qu'il n'est pas encore bien certain. Il ne reste donc que celui de Clusius, *T. pumilum tertium.* Hist. 2. p. 31. La figure de Clusius représente quelque chose comme un petit exemplaire du *T. perfoliatum* L. venu dans un endroit sec. On ne voit pas de style sur les silicules, et Clusius dit les loges aplanies, ce qui ne conviendrait à aucune des plantes qui ont été prises pour le *T. alpestre* L. Linné, dans aucun autre endroit de ses ouvrages, ne donne plus de détails sur le *T. alpestre.* Il dit seulement de cette plante dans le Syn. 13me éd. *corolla perexigua alba,* et dans le Mant. 2. *Cum T. perfoliato jungitur à Gerardo, at separatur ab Hallero.* Ainsi donc, tout ce qu'il est possible de savoir sur le *T. alpestre* d'après les ouvrages de Linné, c'est que c'est une plante très-voisine du *T. perfoliatum* L. mais plus simple, plus petite et habitant l'Autriche. Dans les Flores d'Autriche on ne trouve indiqués que les *T. perfoliatum* L., *præcox* Wulf, *alpinum* Jacq. et *montanum* L. Les *T. præcox* et *alpinum* ne peuvent être considérés ni l'un ni l'autre comme étant l'*alpestre* L. à cause de leurs grandes fleurs et de leur style allongé. On ne sait plus dès lors quelle plante d'Autriche doit être prise pour le vrai *alpestre*. Les auteurs modernes qui ont décrit le *T. alpestre* ne sont pas d'accord sur les caractères qu'ils lui attribuent, et il paraît évident que la plupart ont fait leur description en combinant les caractères signalés avant eux avec ceux des échantillons qu'ils avaient sous les yeux, et qui étaient souvent des plantes différentes. Ainsi De Candolle, dans son Systema 2, p. 380, attribue au *T. alpestre* des pétales presque égaux au calice, des silicules rétuses, à peine émarginées et surmontées par un style filiforme et saillant, et une racine vivace. Gaudin, Fl. helv. 4, p. 223, dit les pétales doubles du calice, les étamines saillantes, la silicule bordée étroitement, munie au sommet d'une échancrure dépassée par le style et la racine bisannuelle. Koch, Syn. éd. 2, p. 73, le décrit ainsi : *siliculis triangulari-obcordatis, alá valvarum antice latitudine loculi, stylo sinum emarginaturæ æquante.*

Il dit les étamines de la longueur des pétales ou un peu plus courtes, et la racine vivace. Reichenbach, Fl. exc. p. 658, le dit bisannuel, à feuilles glauques, à style égal au tiers des loges, tandis que d'après Koch la proportion du style et des loges serait bien différente, le style ne dépassant pas l'échancrure, et l'échancrure n'égalant que la huitième partie de la silicule (Syn. éd. 1, p. 68). Lejeune, Comp. Fl. belg. p. 306 distingue deux espèces, *T. alpestre* et *T. calaminare*. Dans les notes supplémentaires du même ouvrage, vol. 3, p. 387, il met que les *T. alpestre* et *calaminare* sont de légères variétés d'une même espèce et qu'il adopte l'opinion de Koch à cet égard. Cette espèce étant abandonnée par l'auteur et ne paraissant connue de personne, il n'y a pas lieu de s'en occuper ni de chercher ce qu'elle pourrait être, chose que j'ignore tout-à-fait. Le savant auteur de la Flore de Lorraine, M. Godron, décrit positivement le *T. alpestre* comme une plante vivace, à tiges subligneuses, à fleurs plus petites que celle du *perfoliatum*, à anthères d'abord jaunes, puis d'un pourpre noir, à silicules triangulaires-obovées, superficiellement émarginées, surmontées par un style saillant.

Je pourrais multiplier ces citations, mais celles-ci suffisent pour montrer que nos meilleurs auteurs ne s'accordent pas sur les caractères du *T. alpestre* L. Cela étant, je laisserai à d'autres le soin d'établir

clairement la synonymie de cette espèce, s'ils jugent
qu'il soit possible de le faire, et je me bornerai à
décrire les caractères de celles que je veux signaler
et que je crois bien connaître, les ayant récoltées
moi-même dans leur lieu natal, et les ayant repro-
duites de semis dans mon jardin.

THLASPI BRACHYPETALUM (N.), pl. 1, fig. A, 1 à 11.

Fleur disposées en grappe terminale, simple,
d'abord courte et très-serrée, devenant très-longue
à la maturité. Pédicelles d'abord dressés, un peu
étalés, à la fin étalés horizontalement. Calice deux
ou trois fois plus court que son pédicelle, égal à la
base, à sépales ovales-oblongs, un peu concaves,
bordés de blancs, munis de cinq nervures dont trois
plus visibles. Pétales blancs, de même longueur que
les sépales, ou un peu plus longs dans les premières
fleurs, et plus courts ou nuls dans les dernières,
oblongs, rétus, rétrécis insensiblement vers le bas,
veinés d'une manière très-visible. Etamines peu
saillantes ; les deux courtes égalant les pétales ; les
quatre grandes les dépassant de la hauteur des anthères, qui sont elliptiques, blanchâtres ou un peu
lilacées. Ovaire ovale-elliptique, très-obtus, tron-

qué-émarginé. Style plus court que la moitié de l'ovaire, atteignant au moment de l'anthèse le sommet des courtes étamines. Silicule droite, rarement un peu redressée sur le pédicelle, plus longue que ce dernier, ou de même longueur, oblongue-obcordée, rétrécie inférieurement, un peu convexe sur les deux faces et surtout en dessous ; à ailes des valves égalant au sommet leur largeur et rétrécies insensiblement vers la base ; à lobes de l'échancrure ovales, obtus, arrondis en dehors, un peu tronqués sur leur bord interne, dressés et souvent rapprochés au sommet, séparés par un sinus large et arrondi à la base plus long que le style et égalant le cinquième environ de la longueur totale de la silicule. Graines au nombre de 4-6 dans chaque loge, ovales-elliptiques, lisses et d'un brun roux. Feuilles un peu glaucescentes et épaisses, entières ou légèrement dentées ; les radicales elliptiques, rétrécies en pétiole assez large et ordinairement plus court que le limbe ; les caulinaires, sessiles, oblongues, profondément en cœur à la base, embrassant la tige par deux oreillettes obtuses souvent aiguës et allongées dans le bas de la plante. Tige souvent solitaire, dressée, ferme, arrondie, simple ou munie à sa partie supérieure de deux ou trois rameaux courts et peu étalés, très-garnie de feuilles dans les individus robustes, haute de 2 à 3 déc. Racine bisannuelle, blanchâtre, à pivot ramifié un peu au-dessous du collet. Plante glabre, assez robuste, atteignant souvent jusqu'à 4 et 5 déc., après le développement de la grappe.

Cette espèce est assez commune dans les bois des montagnes du Dauphiné, où elle vient dans les lieux peu herbeux. Je l'ai observée dans beaucoup de localités aux environs de Grenoble et de Gap, notamment au bois de la Grangette où j'ai recueilli les graines que j'ai cultivées dans mon jardin. J'en ai vu des exemplaires provenant des Pyrénées-Orientales, et d'autres de la Savoie désignés dans l'herbier de M. Seringe sous le nom de *T. alpestre* L. var. *brachypetalum*. Je viens d'en recevoir de M. Anderson, sous le nom de *T. alpestre*, de beaux exemplaires de la Suède qui sont parfaitement identiques avec ceux du Dauphiné. Dans les forêts subalpines, elle fleurit vers la fin de juin, et dans mon jardin vers la fin d'avril ou les premiers jours de mai. Ses fleurs sont très-petites et très-nombreuses; j'en ai compté souvent plus de cent sur la grappe principale. Les sépales sont verdâtres, rarement un peu rosés, largement blancs-membraneux sur les bords. Les pétales n'ont le plus souvent que 1 ou 1 1/2 mill. de longueur, et sont fort étroits. Les grandes étamines sont toujours un peu saillantes, et les anthères, qui sont rarement un peu lavées de rose, ne deviennent pas violacées ni noirâtres en vieillissant comme dans d'autres espèces voisi-

nes. Le style varie un peu de longueur depuis
1/3 mill. jusqu'à 2/3 mill.; mais il est toujours manifestement plus court que les lobes de l'échancrure de la silicule. La longueur de la silicule varie
de 6 à 9 mill. et la largeur au sommet de 4 à 5 mill.
Les lobes de l'échancrure varient aussi de longueur
depuis 1 jusqu'à 2 mill. La largeur des cloisons séminifères qui correspond à l'épaisseur de la silicule
est de 2 mill. environ. Les graines sont longues de
1 1/2 mill. sur 1 mill. de large. Les cotylédons sont,
comme dans les autres espèces voisines, arrondis-
elliptiques et pétiolés. Les feuilles radicales prennent quelquefois en dessous une teinte un peu rougeâtre; les caulinaires sont plus souvent un peu
dentées. La tige est ordinairement feuillée jusqu'au dessous de la grappe; son diamètre dépasse souvent 3 mill. Elle est marquée de stries très-
peu visibles, et est très-lisse comme dans la plupart
des espèces de ce groupe.

Le *T. brachypetalum* est évidemment la même
plante que le *T. alpestre* Vill., Dauph. 3, p. 301,
mais ce n'est pas le *T. alpestre* Gaudin, Fl. helv. 4,
p. 223, qui a la silicule faiblement échancrée et
surmontée par un style qui dépasse l'échancrure:
ce n'est pas le *T. alpestre* de Smith, ni celui de
de Candolle, qui est pourvu d'un long style et d'une
racine dure et vivace. Ce n'est pas celui de Koch,
dont le style égale l'échancrure de la silicule et

dont les étamines sont violettes. A mon avis, cependant, il conviendrait mieux que d'autres à la description Linnéenne, puisqu'il se rapproche beaucoup du *T. perfoliatum* par son style très-court et ses pétales très-petits de la longueur du calice. Le *T. alpestre* signalé par Fries, dans son Mantissa tertia, p. 75, comme une espèce nouvellement découverte en Suède, est la même plante que le *brachypetalum*, d'après mes exemplaire de l'Ostrogothie. Je pense que c'est à tort que le célèbre auteur suédois le décrit avec un style saillant, *stylo exserto* ; car, dans mes échantillons de la localité citée, le style atteint à peine la moitié de la longueur des lobes, et n'a guère plus de 1/2 mill.

THLASPI SYLVESTRE (N.), pl. 1, fig. B, 1 à 11.

Fleurs disposées en grappe terminale, simple, d'abord courte et assez serrée, devenant très-longue à la maturité. Pédicelles d'abord dressés, assez étalés, à la fin horizontaux ou souvent déjetés en arrière. Calice deux à trois fois plus court que son pédicelle, égal à la base, à sépales ovales-elliptiques, un peu concaves, bordés de blanc, à nervures très-peu visibles. Pétales blancs, deux fois plus longs que les sépales, obovés-oblongs, rétrécis vers la base en onglet, à veines peu distinctes. Etamines plus courtes que les pétales, ou presque égales dans les fleurs plus tardives; à anthères d'un pourpre violet très-foncé, paraissant jaunes pendant l'émission du pollen, à la fin noires. Ovaire elliptique, un peu obtus. Style de la longueur de l'ovaire, atteignant au moment de l'anthèse le sommet des courtes étamines. Silicule ordinairement un peu redressée sur le pédicelle et de même longueur, oblongue-obcordée, rétrécie inférieurement, naviculaire, très-convexe en dessous; à bords relevés en dessus; à côtes suturales assez fines; à ailes des valves minces, égalant au sommet leur largeur, rétrécies jusqu'au-dessous du milieu, presque nulles vers la base; à lobes de l'échancrure larges, ovales-arrondis, régulièrement écartés l'un de l'autre, séparés par un sinus obtus, égal au style, rarement un peu plus court, égalant à peine 1/5 de la longueur totale de la silicule. Graines au nombre de 4 - 6 dans chaque loge, ovales-elliptiques, lisses et d'un brun roux. Feuilles un peu glaucescentes, prenant souvent une teinte violacée, un peu épaisses, très-entières; les radicales ovales-elliptiques, rétrécies en un pétiole étroit allongé et souvent double du limbe; les caulinaires sessiles, ovales - oblongues, cordées - auriculées, à oreillettes ovales obtuses assez courtes. Une ou plusieurs tiges dressées, un peu flexueuses, arrondies, simples ou souvent rameuses, à rameaux allongés, à feuilles un peu écartées, hautes de 1 1/2 déc. en-

viron. Racine bisannuelle ou trisannuelle au plus,
de couleur grisâtre, à pivot très-oblique, souvent
presque simple, ou muni de fibres assez grêles.
Plante glabre, atteignant 3 ou 4 déc. après le développement de la grappe.

Cette espèce croît aux environs de Lyon, sur les
collines des terrains granitiques. Je l'ai reçue de
l'Allemagne sous le nom de *T. alpestre*, et provenant
des environs de Dresde. Il est probable qu'elle se
trouve dans plusieurs localités du nord et du centre
de la France, où elle aura été prise pour le *T. alpestre*, car elle paraît plutôt une plante de plaines
ou de collines qu'une plante de montagnes. Elle
fleurit dès les premiers jours d'avril. Ses fleurs sont
médiocrement petites et très-nombreuses. Les sépales sont ordinairement d'une couleur rose un peu
violacée. Les pétales dépassent souvent 3 mill. en
longueur. Les anthères sont remarquables par leur
couleur d'un violet noirâtre avant et après l'émission
du pollen. Le style est long de 1 1/2 à 2 mill. La
longueur de la silicule varie de 6 à 7 mill., et la
largeur de 4 à 5 mill. Celle des lobes de l'échancrure est de 1 1/2 à 2 mill. La largeur des cloisons
séminifères varie de 1 1/2 à 2 mill. au plus. Les graines sont longues de 1 1/3 mill. sur 1 mill. de large.
Les feuilles radicales ont pour la plupart le limbe
assez brusquement rétréci en pétiole ; les caulinaires
sont rarement au nombre de plus de 4 à 5. Les tiges

sont ordinairement plus courtes que les grappes à la maturité, et leur diamètre est d'environ 2 mill.

THLASPI OCCITANICUM. (N.), pl. 1 *bis*, fig. A, 1 à 11.

Fleurs disposées en grappe terminale, simple, d'abord courte et serrée, devenant plus longue à la maturité. Pédicelles grêles, flexueux, filiformes, d'abord dressés-étalés, à la fin horizontaux ou un peu déjetés. Calice trois ou quatre fois plus court que son pédicelle, égal à la base, à sépales elliptiques-oblongs, blancs-membraneux sur les bords, sans nervures visibles. Pétales blancs, très-souvent lavés de rose, trois fois plus longs que les sépales, obovés, rétrécis assez brusquement au-dessous du milieu en onglet très-étroit, faiblement veinés. Etamines égales aux pétales ou un peu plus courtes, à anthères violettes devenant noires après l'émission du pollen qui est d'un jaune verdâtre. Ovaire obovale-elliptique, obtus. Style de la longueur de l'ovaire, n'atteignant pas, au moment de l'anthèse, le sommet des courtes étamines. Silicule un peu ascendante sur le pédicelle, plus courte que ce dernier, obcordée, rétrécie inférieurement, presque également convexe sur les deux faces; à côtes suturales fines; à ailes des valves minces, planes, dépassant un peu leur largeur au sommet, rétrécies insensiblement jusque vers la base; à lobes de l'échancrure ovales, obtus, écartés, séparés par un sinus assez ouvert légèrement dépassé par le style et égalant 1/7 de la longueur totale de la silicule. Graines au nombre de 3 à 4 dans chaque loge, ovales - elliptiques, un peu rétrécies vers la base et d'un brun roux. Feuilles très-glauques, plus ou moins dentées, rarement entières; les radicales oblongues ou elliptiques, atténuées en pétiole souvent plus long que le limbe, et munies, surtout vers le bas, de quelques dents très-saillantes; les caulinaires sessiles, oblongues, ou elliptiques-oblongues un peu rétrécies du bas, cordées-auriculées, à oreillettes allongées et souvent un peu aiguës. Une ou plusieurs tiges dressées, peu flexueuses, arrondies, le plus souvent rameuses, à rameaux allongés, à feuilles un peu écartées, hautes de 1 déc. environ. Racine bisannuelle, de couleur blanchâtre, à pivot ferme, perpendiculaire, rarement oblique, divisé à quelque distance du collet en deux ou trois branches principales écartées. Plante glabre, atteignant 2 déc. au plus, après le développement de la grappe.

J'ai récolté cette plante à la montagne de la Séranne près Ganges (Hérault), où elle croît sur un sol calcaire, parmi les rocailles. Je présume qu'elle est répandue sur tous les contreforts des Cévennes, du côté du midi, et qu'elle appartient à cette chaîne de montagnes calcaires qui séparent les Cévennes

des Corbières. Elle fleurit dès les premiers jours de
mai, ou vers la fin d'avril. Ses fleurs sont assez petites et très-nombreuses. Les sépales sont pâles ou
un peu verdâtres, plus rarement lilacés, très-petits
et assez étroits. Les pétales ont près de 4 mill. de
long. Les anthères paraissent un peu saillantes sur
les exemplaires secs, comme dans le *T. sylves-*
tre, mais sont réellement, comme dans ce dernier, à peine égales aux pétales. Le style est long de
1 1/2 à 2 mill. La silicule est longue de 7 mill. et
large de 5 mill. environ; les lobes de l'échancrure ont
de 1 à 1 1/2 mill. de long, et sont un peu rétrécis à
l'extrémité. Les graines sont un peu rétrécies vers la
base, et longues de 1 1/2 mill. sur 1 mill. de large.
Les feuilles caulinaires sont au nombre de 5 à 6,
rarement un peu aiguës, et à dents plus courtes que
celles des feuilles radicales. Les grappes fructifères
sont assez serrées, et dépassent rarement la tige en
longueur. Le diamètre de celle-ci est de 1 à 1
1/2 mill.

Thlaspi gaudinianum (N.), pl. 1 bis, fig. B, 1 à 11.

Fleurs disposées en grappe terminale, simple,
d'abord courte et serrée, devenant très-longue et un
peu lâche à la maturité. Pédicelles jeunes flexueux
et filiformes, dressés-étalés, à la fin presque hori-

zontaux. Calice deux fois plus court que son pédicelle, égal à la base, à sépales ovales-elliptiques
bordés de blanc. Pétales blancs, souvent lavés de
rose, égalant deux fois et demie la longueur des sépales, oblongs-obovés, rétrécis insensiblement jusque vers la base. Etamines égales aux pétales ou les
dépassant légèrement; à anthères lilacées, à la fin d'un
violet foncé. Ovaire obovale-oblong, obtus. Style
un peu plus court que l'ovaire, égalant les courtes
étamines. Silicule un peu ascendante sur le pédicelle,
égale à ce dernier ou plus courte, oblongue-obcordée, rétrécie inférieurement, convexe surtout en
dessous; à ailes des valves minces, un peu relevées
en dessus, n'égalant pas leur largeur au sommet,
rétrécies insensiblement et prolongées jusque vers
leur base; à lobes de l'échancrure courts, ovales-
arrondis, écartés, séparés par un sinus plus court
que le style, et égalant à peine 1/8 de la longueur
totale de la silicule. Graines au nombre de 5 à 6
dans chaque loge, elliptiques, d'un brun roux clair.
Feuilles d'un vert foncé, entières, ou un peu dentées; les radicales obovées ou elliptiques, atténuées
en pétiole souvent plus long que le limbe; les caulinaires sessiles, oblongues, obtuses, auriculées,
à oreillettes courtes obtuses et dirigées un peu en
arrière. Une ou plusieurs tiges dressées, flexueuses,
arrondies, ordinairement très-simples et dénudées
vers le haut, hautes de 1 déc. environ. Racine bis-

annuelle, blanchâtre; à pivot grêle, fibrilleux, contourné, peu ramifié. Plante glabre, atteignant 2 déc. après le développement de la grappe.

Cette espèce habite les montagnes du Jura, où elle croît dans les lieux un peu ombragés de la région subalpine. Je l'ai recueillie en fleurs, en quantité, à Dôle, le 2 juin 1842. Dans les jardins, sa floraison est plus précoce d'un mois. Ses fleurs sont assez petites et très-nombreuses. Les sépales sont pâles ou d'un vert jaunâtre, rarement lilacés. Les pétales ont environ 3 mill. de long. Les anthères dépassent très-peu les pétales, quoiqu'elles paraissent assez saillantes sur le sec. Le style ne dépasse pas 1 1/2 mill. La silicule est longue de 6 à 7 mill. et large de 3 à 4. Les lobes de l'échancrure n'atteignent pas 1 mill. Les graines sont longues de 1 1/2 mill. sur 1 mill. de larges. Les feuilles caulinaires sont écartées et peu nombreuse. Les grappes fructifères dépassent très-souvent la tige en longueur. Celle-ci est assez grêle et épaisse de 1 à 1 1/2 mill.

Quoique cette plante soit bisannuelle on en trouve quelquefois des exemplaires en fleurs qui portent d'autres tiges desséchées, ce qui provient de ce que la plante fleurit quelquefois dès la première année de son existence, ou que celle-ci se prolonge accidentellement jusqu'à trois années. Je ne l'ai pas vue fleurir dès la première année du semis, et M. Renter m'écrit qu'elle se montre constamment bissannuelle au jardin de M. Boissier, près Genève, où elle se reproduit d'elle-même en quantité. La même observation s'applique au *T. sylvestre* (N.) qui est susceptible de vivre quelquefois trois ans , quoique dans mon jardin il périsse toujours la seconde année.

Le *T. Gaudinianum* est le *T. alpestre* décrit par Gaudin , Fl. helv. 4, p. 223 ; c'est aussi, en partie, celui de Koch., Syn. Fl. germ., 1ᵉ éd., p. 68, qui indique bien la longueur relative du sinus des lobes de l'échancrure ; mais dans la 2ᵉ édition du Syn. , p. 73, cet auteur me paraît avoir eu surtout en vue le *T. sylvestre* par ces termes de la description : *stylo sinum emarginaturæ æquante*. Il dit sa plante pourvue d'une souche vivace et cespiteuse, ce qui ne peut convenir qu'à une troisième espèce que je vais décrire.

THLASPI VIRENS (N), pl. 1 bis , fig. C, 1 à 11.

Fleurs disposées en grappe terminale , simple , d'abord courte et serrée , à la fin oblongue. Pédicelles assez fermes, dressés-étalés , à la fin presque horizontaux. Calice deux fois plus court que le pédicelle , égal à la base ; à sépales ovales-arrondis , munis d'une bordure blanche assez large et de nervures peu saillantes. Pétales blancs, obovales, rétrécis en onglet vers la base , quelquefois un peu tronqués et subémarginés au sommet. Etamines presque égales aux pétales ; à anthères ovales-oblongues, purpurines en dessus, d'un jaune livide en dessous, noirâtres après l'émission du pollen qui est d'un beau jaune. Ovaire ovale-oblong. Style un peu plus long que l'ovaire et dépassant un peu les longues étamines au moment de l'anthèse. Silicule un peu ascendante sur le pédicelle et de même longueur ou plus courte, oblongue-obcordée, rétrécie inférieurement, assez renflée, plus convexe en dessous; à ailes des valves un peu relevées en dessus, étroites, égalant la moitié de leur largeur au sommet, rétrécies insensiblement vers la base; à lobes de l'échancrure très-courts, ovales, obtus, écartés, séparés par un sinus assez ouvert longuement dépassé par le style et égalant à peine 1/10 ou seulement 1/12 de la longueur totale de la silicule. Graines au nombre de 4 à 5 dans chaque loge, arrondies-elliptiques et d'un brun roux. Feuilles d'un vert gai, un peu épaisses, très-entières ou quelque peu dentées; les radicales étalées en rosette, elliptiques, rétrécies en pétiole plus court ou plus long que le limbe; les caulinaires ovales-oblongues, espacées, peu nombreuses, cordées-auriculées à la base, à oreillettes courtes appliquées obtuses. Une ou plus rarement deux tiges dans chaque rosette de feuilles, dressées, un peu flexueuses, arrondies, très-simples, hautes de 5 à 10 centim. Souche grêle, à rejets courts, peu nombreux, terminés par des rosettes de feuilles formant de petites touffes assez lâches. Racine grêle, un peu blanchâtre , fibrilleuse et ramifiée. Plante glabre, atteignant, 1 1/2 ou rarement 2 décim., après le développement de la grappe.

J'ai récolté cette espèce sur le Mont - Pilat près Lyon , à la montagne de Pierre-sur-Haute (Loire), aux alentours du Mont-Mézin (Ardèche) , sur le Mont-Lozère près Villefort (Lozère). Je l'ai reçue des montagnes de l'Auvergne. Elle croît dans les prairies sèches des régions subalpines , quelquefois parmi les forêts, et paraît appartenir aux montagnes granitiques de la France. Sa floraison est très-précoce. Dans mon jardin elle fleurit avant toutes les autres espèces voisines et aussitôt après les dernières gelées. Ses fleurs sont assez petites , mais un peu plus grandes que celles des quatre espèces que je viens de décrire. Les sépales sont verdâtres et assez larges. Les pétales ont 4 mill. de long. Les anthères ne dépassent un peu les pétales qu'après l'émission du pollen et dans les fleurs tardives où les pétales sont plus petits, comme dans toutes les autres espèces. Le style est long de 2 mill. environ. La silicule est longue de 5 à 6 mill., et large de 3 à 4 mill. environ. Les lobes de l'échancrure ont rarement plus de 1/2 mill. de long , et souvent moins. Les graines sont longues de 1 1/4 mill. sur 1 de large, et d'un beau brun roux ne tirant pas sur le jaune. Les feuilles caulinaires sont au nombre de 4 à 5 , plus ou moins obtuses. Les grappes fructifères ne sont pas très-longues et dépassent rarement la tige en longueur. Celle-ci est épaisse de 1 à 2 mill., très-peu striée.

Cette plante paraît être celle que de Candolle a eu principalement en vue, en décrivant le *T. alpestre* dans son Systema, 2, p. 380, lorsqu'il dit : *Siliculâ retusâ vix emarginatâ, stylo filiformi exserto , radice perenni durâ*; mais il est probable, d'après les localités qu'il indique, qu'il la confondait avec les précédentes.

Je vais maintenant appeler l'attention sur les caractères les plus saillants de ces diverses espèces et les comparer les unes avec les autres, et avec les espèces voisines du même genre.

Le *T. brachypetalum* se distingue très-bien de toutes les autres espèces confondues sous le nom de *T. alpestre* L. par la forme et la petitesse de ses pétales ; par les lobes de la silicule allongés, souvent rapprochés au sommet et toujours plus longs que le style ; par sa tige plus robuste, plus élevée et très-feuillée. Il se place à côté du *T. perfoliatum* L. à cause de ses très-petites fleurs et de son style court, mais il en est très-distinct. Dans le *T. perfoliatum*, les fleurs sont un peu plus grandes, quoique aussi très-petites. Les pétales sont doubles du calice dans les premières fleurs , obovales-oblongs , rétrécis en onglet étroit, nullement rétus, et à veines non saillantes. Les anthères sont ovales-arrondies ,

plus courtes que les pétales. L'ovaire n'est pas tronqué au sommet, et est quatre fois plus long que le
style. Les silicules sont en cœur renversé, moins
allongées, plus larges, à ailes plus relevées en dessus, à lobes de l'échancrure plus arrondis et moins
rapprochés au sommet, à style paraissant presque
nul. Les graines sont plus courtes et plus jaunâtres.
Les feuilles sont bien plus dentées. Les tiges sont
plus basses, plus rameuses, bien moins raides et
moins épaisses. Les grappes fructifères sont plus courtes, et la racine est plutôt annuelle que bisannulle,
quoiqu'il commence à se développer dans l'automne.

Le *T. sylvestre* est reconnaissable à ses silicules
très-convexes en dessous, ayant les aïes plus relevées que dans les autres espèces, et les lobes arrondis de la même longueur que le style, à la parfaite
maturité. Ses feuilles sont généralement très-entières. Ses tiges sont souvent rameuses, à rameaux
flexueux, à grappes fructifères lâches et très-allongées.
Sa racine est bisannuelle ou trisannuelle au plus.

Le T. *occitanicum* se rapproche du *T. perfoliatum* par
son feuillage très-glauque et sa racine blanche,
ferme, vraiment pivotante, ayant l'aspect d'une
racine annuelle et étant tout au plus bisannuelle;
mais ses fleurs et ses fruits l'en éloignent tout-à-
fait. Il se reconnaît à ses fleurs lavées de rose;
ses pédicelles allongés et très-flexueux; ses silicules
largement obovées, très-rétrécies du bas, à ailes

larges, à lobes courts, ovales bien moins arrondis que dans le *T. sylvestre* et toujours un peu dépassés par le style. Ses feuilles sont le plus souvent très-dentées. Ses tiges sont rameuses, à rameaux peu flexueux, plus basses que dans le *T. sylvestre*, et terminées par une grappe plus courte et plus serrée.

Le *T. Gaudinianum* ressemble tout-à-fait au *T. occitanicum* par la couleur et l'aspect de ses fleurs ; elles sont seulement un peu plus petites et les pédicelles sont plus courts. La forme de sa silicule est bien différente ; elle est plus oblongue, à ailes plus étroites, à échancrure plus petite et style plus saillant ; les loges contiennent un plus grand nombre de graines ; celles-ci sont d'un roux un peu jaunâtre. Les feuilles sont entières, rarement dentées, vertes et non glauques. Les tiges sont plus grêles, plus flexueuses, toujours très-simples, et à grappe fructifère plus lâche. La racine est très-distincte, grêle, oblique, fibrilleuse, bisannuelle ou quelquefois trisannuelle.

Le *T. virens* diffère des précédents par ses silicules très-étroitement ailées et superficiellement émarginées, à style dépassant longuement l'échancrure, et par sa souche vivace. Ses fleurs sont plus grandes que dans le *T. Gaudinianum*, à pétales plus larges, à étamines moins saillantes ; je ne les ai pas vues colorées de rose, ni les calices lilacés. Ses pédicelles sont plus fermes, ses silicules plus renflées, et ses graines plus brunes et plus arrondies. Ses feuilles sont plus épaisses , d'un vert moins foncé. Ses tiges sont terminées par des grappes plus courtes. Le caractère de la souche vivace et du style très-saillant, rapproche le *T. virens* des *T. sylvium* Gaud., *præcox* Wulf., et *montanum* L.

Dans le *T. sylvium* , les fleurs sont plus grandes que celles du *T. virens* , mais plus petites que celles du *T. montanum*. Les pétales ont le limbe arrondi et entier au sommet. Les étamines sont bien plus courtes, et dépassées par le style; leurs anthères sont blanchâtres ou couleur de chair, à pollen d'un beau jaune. La silicule paraît presque complètement dépourvue d'ailes ; elle est oblongue, étroite, renflée , à échancrure du sommet à peine visible, et à style long de 2 mill. à peine. Les graines sont ovales-elliptiques, au nombre de 3 à 4 dans chaque loge. Les feuilles sont glaucescentes , assez charnues ; les radicales oblongues-spatulées , formant des rosettes épaisses au bas des tiges qui sont assez nombreuses, courtes, flexueuses, feuillées jusqu'au sommet et terminées par des grappes assez courtes à la maturité. La souche produit des rejets très-nombreux, mais courts et serrés en touffe. J'ai reçu des exemplaires de cette plante provenant du mont Sylvio et de Zermatten en Valais, localités citées par Gaudin.

Je ne connais pas très-bien le *T. alpinum*
Jacq auquel Koch, Syn. fl. germ. p. 74, rapporte,
en synonyme, le *T. sylvium* Gaud., quoique la
description qu'il en donne, (*caudiculis elongatis sto-
loniformibus , ala valvularum loculo dimidio angus-
tiore*) ne convienne pas à ce dernier. D'après les
exemplaires des Alpes d'Autriche et de la Suisse
que j'ai pu examiner, il aurait les fleurs plus
grandes que le *T. sylvium* Gaud , les pétales
rétrécis en onglet bien plus long et plus étroit,
et la silicule plus manifestement ailée.

Le *T. præcox* Wulf a les fleurs a peu près de
la grandeur de celles du *T. virens.* Les sépales sont
de forme moins arrondie et de couleur lilacée-pur-
purine. Les sépales sont plus oblongs et manifestement plus longs que les étamines, dont les anthères
sont blanchâtres et deviennent un peu grises après
l'émission du pollen, et non pas violacées-noirâ-
tres. La silicule, dans cette espèce, est triangulaire-
obcordée, presque tronquée au sommet, très-ré-
trécie à la base; à ailes des valves dépassant leur
largeur; à échancrure du sommet courte et très-
ouverte; à style très-saillant, long de 3 mill. Les
feuilles sont très-glauques et assez dentées; les radicales oblongues-elliptiques, atténuées en pétiole ;
les caulinaires assez nombreuses, à oreillettes souvent
un peu aiguës. Les tiges sont nombre ses , simples,
feuillées jusqu'au sommet, assez flexueuses, ter-

minées par des grappes médiocrement allongées. La souche vivace émet des jets très-courts, et sa racine est blanchâtre.

J'ai reçu cette plante de la Carinthie, du mont Spaccato près Trieste, et de Fiume. Son feuillage glauque et denté lui donne une certaine ressemblance avec le *T. occitanicum*; mais ses fleurs l'en éloignent tout-à-fait, ainsi que son long style, sa souche vivace et ses tiges simples.

Le *T. montanum* L. est distinct de tous les autres *Thlaspi* dont je viens de parler par ses fleurs beaucoup plus grandes. Les étamines sont dépassées de beaucoup par les pétales; à anthères d'un lilas blanchâtre, à la fin grises. Les silicules sont courtes et larges, arrondies à la base, convexes d'un côté, concaves de l'autre; à lobes de l'échancrure arrondis, assez courts, dépassés par le style qui est long de 2 mill. environ; à ailes larges relevées en dessus : les loges renferment chacune deux graines. Les feuilles sont assez entières; les inférieures obovées ou elliptiques, pétiolées, étalées en rosette, persistantes; les caulinaires oblongues, obtuses, à oreillettes courtes et arrondies. La souche est un peu ligneuse; à ramifications allongées, stoloniformes.

Cette plante croît sur les rochers et parmi les bois du calcaire jurassique dans plusieurs localités de l'est de la France.

J'ai lieu de croire que le *T. montanum* des montagnés du Dauphiné est une espèce différente du véritable *montanum* L. Villars dit qu'il vient sur les montagnes les plus élevées, parmi les gazons, dans les endroits froids et herbeux, et qu'il n'a que trois ou quatre pouces de haut; ce qui ne convient pas au *T. montanum* L. Je possède des échantillons de cette plante, recueillis par M. Clément au sommet de la Moucherolle (Isère), et qui me paraissent effectivement très-distincts de la plante des collines. Les pétales sont plus petits et de forme plus oblongue. Les sépales sont moins ovales et dépassés de beaucoup par les étamines qui sont presque égales aux sépales dans le *montanum* L. Les pédicelles sont plus épais et plus courts. Les feuilles radicales sont bien plus étroites, oblongues-elliptiques, souvent un peu dentées; les caulinaires sont oblongues, obtuses. Les tiges sont nombreuses, feuillées jusqu'au sommet, hautes de 6 à 8 cent. La souche est écailleuse, à ramifications courtes, un peu lâches, mais nullement stoloniformes. Je n'ai pas vu cette plante en fruit, et ne puis porter sur elle un jugement bien assuré. Je crois cependant qu'elle ne peut être réunie au *T. montanum*, d'après les caractères que je viens d'indiquer. Ses fleurs paraissent peu différentes de celles du *T. sylvium* Gaud. L'ovaire et le style ont aussi beaucoup de ressemblance, mais le feuillage n'est point le même. Le *T. sylvium* a les feuilles radicales plus courtes, plus obovées, les caulinaires plus ovales. Sa souche est plus épaisse et plus cespiteuse. Il est d'une couleur glauque et parait appartenir aux Alpes granitiques, tandis que celui-ci croît sur les montagnes calcaires du Dauphiné. Je désignerai provisoirement cette espèce très-douteuse sous le nom de *T. Villarsianum.*

Un autre *Thlaspi* qui croît au mont Viso, et que j'ai reçu de M. Huguenin, me paraît mériter d'être examiné. Il est très-voisin du *T. sylvium* par la forme de la silicule, dont les ailes ne sont pas tout-à-fait nulles, mais très-étroites. Le style est plus allongé. Les feuilles caulinaires ont des oreillettes bien plus grandes, et les tiges sont véritablement stoloniformes, comme dans le *montanum.* Cette plante est probablement la même que le *T. alpinum* Jacq.

En continuant cette revue, j'arrive au *T. brevistylum* (*Hutchinsia* D. C.) — *H. pigmea* Viv. cors., app. 3, qui croît en Corse, et doit être placé, en raison de ses caractères, à côté des *T. sylvestre, brachypetalum* et *perfoliatum.* Il a les fleurs très-petites, longues de 2 mill. à peine; les pédicelles courts; les sépales ovales-arrondis, d'un vert livide, et assez concaves; les pétales doubles du calice, oblongs-cunéiformes; les étamines plus courtes que les pétales, et un peu plus longues que les sépales; les anthères d'un blanc un peu lilacé, à la fin grisâtres, à pollen d'un jaune très-pâle. La silicule est oblongue-elliptique, convexe en dessous, un peu concave en dessus, un peu rétrécie inférieurement, à base presque arrondie ; à ailes des valves égales, au sommet, à la moitié de leur largeur ; à lobes de l'échancrure ovales, dressés, séparés par un sinus large et arrondi à la base, égalant à peine 1/8 de la longueur totale de la silicule, et toujours plus longs que le style. Les graines sont au nombre de 3 à 4 dans chaque loge, ovales-oblongues, d'un brun roux clair, longues de 1 3/7 mill., larges de 2/3 mill. Les feuilles sont très-petites, glaucescentes, un peu épaisses, presque entières ; les radicales arrondies-elliptiques ou obovées, assez longuement pétiolées ; les caulinaires inférieures souvent semblables aux radicales, et pétiolées de même ; les autres sessiles, oblongues ou ovales-oblongues, très-obtuses, cordées-auriculées à la base. Les tiges sont ordinairement simples, rarement solitaires, hautes de 5 à 10 cent., ou seulement de 1 à 2 cent. sur les rochers arides, dressées, flexueuses, feuillées jusqu'au sommet, très-grêles, à diamètre de 1/2 à 1 mill. La racine est bisannuelle ; à pivot blanchâtre, simple ou ramifié loin du collet.

Cette espèce fleurit vers la fin de juin et au commencement de juillet, sur le sommet du mont Coscione et du mont Cagnone, en Corse, où je l'ai récoltée en quantité. Dans mon jardin, où je l'ai obtenue de graines de mes exemplaires de Corse, elle fleurit dès la fin de mars ou vers les premiers jours

d'avril, presque aussitôt que le *T. virens*. Elle est
véritablement bisannuelle. Le *T. rivale* Moris Fl.
sard. p. 123, t. 9, f. 1, est, selon moi, la même
plante. La figure citée représente le *T. brevistylum*
venu dans un lieu fertile, à silicule dont les lobes
s'allongent un peu plus, ainsi que je les observe sur
mes exemplaires de grande taille, qui ont aussi les
feuilles caulinaires plus étroites que les autres. Le
T. rivale Presl, Del. prag. — Gussone, Prod. fl.
sic. p. 216, est une autre espèce très-voisine, mais
différente, d'après des échantillons de Sicile étique-
tés par Gussone que j'ai pu examiner, et d'après la
description de cet auteur. Dans son Synopsis fl. sic.
2, p. 156, il rapproche sa plante du *T. rivale* Moris,
et modifie la description de son *Prodromus* par
rapport aux fleurs ; mais j'ai lieu de croire que c'est
à tort, car, d'après la figure citée du Flora sardoa,
la silicule a l'échancrure très-obtuse dans la plante
de Sardaigne, comme dans celle de Corse, tandis que
dans celle de Sicile l'échancrure est aiguë, ainsi que
le dit Gussone, Syn. 2, p. 157 : *Silicula acute emar-
ginata*. Les graines sont évidemment différentes dans
cette dernière, de forme plus ovale, d'un roux plus
foncé, plus grosses, longues de 1 3/4 mill. sur 1 1/3
mill. de large. Je n'ai pas vu les fleurs, mais, d'après
le Prod. fl. sic. p. 216, les pétales ne dépassent pas
les étamines et sont à peine plus longs que le calice,
et les anthères sont lilacées.

J'ai reçu de Grèce, sous le nom *T. rivale* Moris, un curieux *Thlaspi* récolté par M. de Heldreich, tout-à-fait distinct du *T. rivale* Presl. et du *brevistylum* D.C. Il est très-petit, comme ce dernier, mais il est pourvu d'une souche vivace, assez épaisse, émettant des tiges et des rosettes de feuilles stériles entremêlées, ce qui le rapproche du *T. montanum*. Ses fleurs sont presque trois fois plus grandes que celles du *T. brevistylum*. Les pétales ont près de 6 mill. de long sur 1 1/2 de large à peine, au sommet ; ils sont oblongs, rétrécis en onglet très-étroit et très-allongé, trois fois plus longs que les sépales , dépassant de beaucoup les étamines dont les anthères sont lilacées-purpurines. Le style est long de 2 mill. La silicule très-jeune est oblongue-obcordée, assez largement ailée, à lobes de l'échancrure arrondis et très-courts. Je ne l'ai pas vue ayant atteint tout son développement. Les tiges sont simples, plus ou moins nombreuses, feuillées, grêles, hautes de 2 à 5 cent. Cette espèce croit dans le voisinage des neiges , sur le mont Taygète, et me paraît voisine des *T. sylvium* Gaud. et *præcox* Wulf, mais bien distincte. Je la nommerai *T. græcum*.

Le genre *Thlaspi*, ainsi que je viens de le montrer, offre une série d'espèces très-voisines qui ne peuvent être facilement distinguées que si l'on a égard aux caractères essentiels, et surtout à l'ensemble de ces caractères qui ne doit pas changer. En donnant

des mesures précises pour les divers organes, j'ai
voulu seulement indiquer la relation qui existe entre
les espèces considérées à leur état normal, car il ne fau-
drait pas attribuer à ces mesures trop d'importance.
Dans la nature, il n'y a pas de formes précises et
arrêtées, ni de mesures mathématiques. L'unité et la
fixité, qui font le fond de la nature de chaque être,
sont toujours plus ou moins voilées sous des vicis-
situdes apparentes. Ainsi, dans presque tous les
Thlaspi, les fleurs varient de grandeur, suivant le
degré de développement de la grappe, ce qui change
souvent la relation indiquée des pétales avec le calice et les étamines. Les lobes de l'échancrure dans
la silicule sont assez sujets aux changements. J'ai re-
marqué qu'ils étaient toujours plus allongés sur les
exemplaires venus dans un terrain frais ou ombragé.
Le style varie souvent de longueur, et d'une manière notable, dans une même espèce, ce qui n'em-
pêche pas qu'on ne puisse dire que telle espèce diffère de telle autre par un style plus allongé. Les feuilles sont plus ou moins dentées, à oreillettes plus ou
moins allongées, souvent aiguës et obtuses sur un
même pied; les radicales sont courtement ou longuement pétiolées, de grandeur très-variable. Les
tiges sont simples ou rameuses, solitaires ou nombreuses, dans une même espèce. Plusieurs espèces
sont tantôt annuelles et tantôt bisannuelles. Je crois
qu'on ne pourrait citer aucun caractère qui soit ab-

solument invariable, d'où je conclus qu'il faut se servir de tous à la fois, et non pas seulement d'un ou deux mis en évideuce, suivant le procédé diagnostique dont Linné est l'inventeur. Il est probable qu'il existe encore quelques espèces à débrouiller dans ce genre, à en juger par des exemplaires très-incomplets que je possède des Alpes et des Pyrénées. J'y reviendrai dès que j'aurai pu acquérir sur leur compte des données positives. Je n'ajoute aucun détail sur les *T. arvense* L. et *alliaceum* L., qui sont bien connus et très-distincts de ceux que j'ai décrits. Le *T. rotundifolium* Gaud. présente deux formes : celle des montagnes calcaires et celle des montagnes granitiques, qui l'une et l'autre méritent d'être soumises à la culture.

Explication de la première planche.

Fig. A. Thlaspi brachypetalum (N.).

1. La plante entière de grandeur naturelle.
2. Fleur de grandeur naturelle.
3. L même grossie.
4. La même grossie, dont on a enlevé un pétale.
5. Sépale de grandeur naturelle.
6. Le même grossi.
7. Pétale de grandeur naturelle.
8. Le même grossi.

9. Ovaire avec le style grossi.
10. Capsule de grandeur naturelle.
11. Feuille de la rosette radicale.

Fig. B. THLASPI SYLVESTRE (N.).

1 à 11. Les mêmes organes qu'aux numéros correspondants de la fig. A.

Explication de la première planche bis.

Fig. A. THLASPI OCCITANICUM (N.).

1 à 11. Les mêmes organes qu'aux numéros correspondants de la fig. A de la première planche.

Fig. B. THLASPI GAUDINIANUM (N.).

1 à 11. Les mêmes organes qu'aux numéros correspondants de la fig. A de la première planche.

Fig. C. THLASPI VIRENS (N.).

1 à 11. Les mêmes organes qu'aux numéros correspondants de la fig. A de la première planche.

Fig. D. THLASPI PRÆCOX Wulf.

1. Fleur de grandeur naturelle.
2. La même grossie.
3. La même grossie, dont on a enlevé un pétale.
4. Sépale de grandeur naturelle.

5. Le même grossi.
6. Pétale de grandeur naturelle.
7. Le même grossi.
8. Ovaire avec le style grossi.
9. Capsule de grandeur naturelle.

Fig. E. THLASPI SYLVIUM Gaud.

1 à 9. Les mêmes organes qu'aux numéros correspondants de la fig. D.

Fig. F. THLASPI MONTANUM L.

1 à 9. Les mêmes organes qu'aux numéros correspondants de la fig. D.

Fig. G. THLASPI PERFOLIATUM L.

1 à 9. Les mêmes organes qu'aux numéros correspondants de la fig. D.

Fig. H. THLASPI BREVISTYLUM (D. C.),

1 à 9. Les mêmes organes qu'aux numéros correspondants de la fig. D

GENRE HELIANTHEMUM.

HELIANTHEMUM VELUTINUM (N.), pl. 2, fig. A, 1 à 11.

Fleurs disposées en grappe terminale, simple, pauciflore, d'abord courte et enroulée, puis allongée et redressée par l'épanouissement successif des fleurs. Pédicelles dépassant un peu le calice, insensiblement épaissis vers le sommet, d'abord fermes et dressés, puis contournés et réfléchis à la maturité. Calice blanchâtre, couvert de petits poils étoilés, deux fois plus court que la corolle ; sépales extérieurs très-petits, oblongs-linéaires ; sépales intérieurs trois fois plus longs, larges, obliques, ovales, obtus, concaves, marqués de 4 côtes ou nervures réunies au sommet, à bords inégaux, blancs-scarieux sur le bord interne qui est un peu denté à son extrémité supérieure. Pétales blancs, à onglet jaunâtre, obovés, très-élargis du haut, un peu moins longs que larges. Etamines deux fois plus courtes que les pétales. Style un peu coudé vers le milieu, épaissi au sommet, de la longueur des étamines et trois fois plus long que l'ovaire. Capsule ovale-arrondie, velue. Graines brunes, irrégulièrement anguleuses, ovales, obtuses, aussi larges que longues.

Feuilles pétiolées, oblongues, ou oblongues-linéaires, un peu obtuses, mucronulées, de grandeur
très-variable; à bords un peu enroulés en dessous à
l'état jeune, et à la fin planes; à limbe marqué en
dessus, dans son milieu, d'une dépression longitudinale, relevé en dessous par une côte un peu saillante;
couvertes sur les deux faces d'un duvet plus ou
moins blanchâtre, surtout en dessous, velouté, très-
fin, persistant, formé de très-petits poils étoilés entre-
croisés; pourvues de deux stipules linéaires égalant
une fois et demie la longueur du pétiole. Tiges
épaisses, ligneuses, nues et tortueuses à la base, d'un
brun rougeâtre; à rameaux florifères herbacés,
dressés, non ascendants à la base, peu raides, et
blanchâtres comme les feuilles. Racine dure, ligneuse, peu ramifiée, de couleur brune. Plante de 2 à
4 déc., après le développement des grappes; à feuilles
très-douces au toucher.

J'ai observé cette plante dans les montagnes du
Bugey, à Serrières (Ain), et dans d'autres localités
de cette partie de la vallée du Rhône. Elle croît
aussi aux environs de Grenoble (Isère). Je l'ai de
Nice et du mont Salvadore près Lugano (Suisse-Ita-
lienne). Elle vient dans les lieux secs et pierreux et
parmi les rochers exposés au midi. Elle fleurit en
mai. Les fleurs sont blanches, très-grandes, et leur
diamètre dépasse souvent 3 cent. Les sépales atteignent 1 cent. en longueur, à la maturité, et sont sou-

vent un peu jaunâtres. Les pétales sont rétrécis vers
la base, à onglet très-court ou nul, et à bord supérieur un peu denté. Les étamines sont longues de
6 mill.; à anthères d'un beau jaune, un peu
émarginées aux deux extrémités. Le stigmate est
verdâtre, à disque un peu convexe, dépassant 1 mill.
en diamètre. La capsule est longue de 7-8 mill. et
large de 6 mill. Les graines sont longues de 1 2/3 mill.
et aussi larges. Les cotylédons sont elliptiques-
oblongs, pétiolés. Les feuilles sont d'un vert cendré
ou blanchâtre, environ cinq fois aussi longues que
larges et atteignant dans un terrain frais jusqu'à 5
ou 6 cent. de long. Les tiges sont véritablement
ligneuses, dépassant souvent la grosseur d'un tuyau
de plume, et toujours d'une belle couleur brune.

Cette espèce paraît être l'*H. apenninum* de Gaudin, Fl. helv. 3, p. 450, d'après les localités citées ;
mais cet auteur dit dans sa description : *foliis revo-
lutis, ramis patulis ascendentibus*, ce qui ne convient
pas à l'*H. velutinum*. Celui-ci n'est certainement
pas l'*H. apenninum* D. C. Fl. fr. 4, p. 824, et encore
moins le *Cistus apenninus* L. Sp. p. 744 qui est *pa-
tulus* et dont les feuilles sont *suprà viridia hirta*. Il
est également différent de l'*H. pilosum* Pers. Syn. 2,
p. 79 et ne peut être rapporté à aucune des trois
variétés du *Cistus pilosus* signalées par Linné, Sp.
pl. p. 744. Le *C. pilosus* All., Fl. ped. n° 1672,
t. 45, f. 1, 2, comprend évidemment plusieurs plan-

tes différentes, d'après la description, les synonymes et les figures citées. Il serait difficile de trouver un genre dont les espèces soient plus embrouillées dans les livres que celles du genre *Helianthemum*.

Des plantes différentes ont été décrites sous les noms de *H. pilosum, apenninum* et *polifolium*, et l'on ne peut guère remonter aux types Linnéens qu'en s'en tenant aux indications de localités, à cause de l'obscurité du texte. De Candolle, dans sa Flore française, décrit quatre espèces voisines à fleurs blanches qui sont les suivantes : *H. pilosum, apenninum, pulverulentum* et *polifolium*. La première qui est un peu dressée, à feuilles incanes, à calice lisse ou légèrement poilu, et qui habite les régions les plus méridionales de la France, paraît bien être l'*H. pilosum* Pers., le *C. pilosus* var. a. L. Sp. 744. Bentham, dans son Cat. Pyr. p. 87, dit qu'elle est remarquable par ses petits calices, ses feuilles linéaires, vertes en-dessus et à bords révolutés, ses rameaux raides, et qu'elle est très-commune aux environs de Narbonne, au pont du Gard, dans la Provence, tandis qu'elle ne vient ni à Montpellier ni en Roussillon. Ayant parcouru souvent ces diverses contrées, j'ai pu vérifier par moi-même l'exactitude de ces observations. M. Dunal, dans D. C. Prodr. 1, p. 282 décrit un *H. pilosum* dont il me paraît impossible de se faire une idée nette. Il a les feuilles blanches des deux côtés et comprend deux variétés, l'une à

feuilles linéaires, à calice poilu et glauque, et l'autre
à feuilles oblongues et à calice brillant presque
glabre. Je ne connais rien dans les espèces de ce
groupe du midi de la France qui corresponde ni à
l'une ni à l'autre de ces deux variétés. Il décrit ensuite l'*H. lineare* Pers. qui se rapporterait mieux,
quant aux feuilles, à l'*H. pilosum* Benth, mais dont
il dit qu'il a les rameaux ascendants et les calices
plus gros que le *pilosum*, ce qui rend pour moi les
H. pilosum et *lineare* du Prodromus de de Candolle
tout-à-fait incompréhensibles. Je ne trouve aucune
différence indiquée dans Persoon pour les *H. pilosum* et *lineare*, si ce n'est que le premier est *ascen-
dens* et le second *erectiusculum*, que le premier est
une plante d'Espagne et le second une plante de
France. Bentham réunit l'*H. lineare* Pers. au *pilosum*;
comme il a le premier très-bien signalé et caractérisé cette espèce et qu'il est impossible de se mé-
prendre sur la plante qu'il a eue en vue, c'est elle,
à mon avis, qui doit conserver le nom de *H. pilosum*.
Voici ses principaux caractères.

HELIANTHEMUM PILOSUM Pers.--Bentham ! Cat. pyr.

Grappes fructifères assez raides. Fleurs blanches de grandeur médiocre. Sépales à côtes saillantes, pubescents ou souvent glabriuscules et viola-
cés. Pétales obovés, cunéiformes et un peu jaunâ-

tres à l'onglet. Style dépassant un peu les étamines.
Réceptacle très-court. Capsule petite, ovale. Graines brunes plus longues que larges. Feuilles linéaires, très-étroites, à bords exactement repliés en dessous, vertes ou grisâtres, pubescentes en dessus,
tomenteuses-blanchâtres en-dessous. Tiges ligneuses,
tortueuses à la base, d'un gris brun ; à rameaux
effilés, tomenteux blanchâtres, dressés, rigidules,
rarement un peu ascendants vers la base. Plante de
2 à 3 déc., à feuilles très-étroites et très-révolutées.

La seconde espèce que décrit de Candolle, dans
sa Flore Française, est l'*H. pulverulentum* D. C.
qui me paraît être le *Cistus pilosus* var. b. de Linné,
Sp. pl. p. 744. Cette espèce n'est pas comme l'*H.
pilosum* particulière à la région méridionale de la
France, car elle se trouve en abondance surtout
dans le centre et dans l'est. C'est elle que Bentham,
Cat. p. 87, décrit sous le nom d'*H. apenninum*
D. C., mais je crois qu'il se trompe en lui donnant
ce nom, car l'*H. apenninum* D. C. paraît être une troisième espèce distincte du *pulverulentum*, qui croît
dans l'ouest de la France, et ne se trouve ni dans l'est
ni dans le midi. L'*H. pulverulentum* D. C. est la
plante que décrit Koch, Syn. fl. germ. éd. 2, p. 87,
sous le nom de *H. polifolium*, d'après les termes de
la description et les échantillons que j'ai reçus d'Allemagne, qui sont conformes à ceux de Lyon où le
pulverulentum est commun ; mais la localité suisse

qu'il indique, doit plutôt s'appliquer à mon *H. velutinum*. C'est elle que décrit M. Boreau dans sa Flore du centre, vol. 2, p. 81, et qui est généralement connue des botanistes français sous ce nom de *pulverulentum*. Je vais donner la description de ces deux espèces.

Helianthemum pulverulentum D. C.

Grappes pauciflores, peu raides à la maturité. Fleurs blanches assez grandes. Sépales pubescents, d'un vert blanchâtre, à côtes vertes ou quelquefois rougeâtres, à bord intérieur denté au sommet. Pétales obovés, un peu plus longs que larges, à onglet court marqué d'une tache d'un beau jaune. Style plus long que les étamines. Capsule ovale-arrondie. Graines d'un brun assez foncé, un peu plus longues que larges. Feuilles des rameaux florifères oblongues ou linéaires, ordinairement cinq fois aussi longues que larges, toujours plus ou moins révolutées sur les bords, vertes ou blanchâtres en dessus, et parsemées de poils étoilés devenant à la fin épars et peu nombreux, canescentes en dessous. Tiges ligneuses, couchées à la base, d'un brun noirâtre ; émettant des rameaux très-nombreux, herbacés, d'un vert blanchâtre, toujours ascendants et un peu étalés, point raides. Plante de 2 à 3 déc., à feuilles oblongues-linéaires révolutées.

Helianthemum apenninum D. C.

Grappes pauciflores, peu raides à la maturité.
Fleurs blanches, assez grandes. Sépales pubescents,
d'un vert blanchâtre, à nervures vertes, à bord
intérieur non denté au sommet. Pétales obovés, un
peu plus longs que larges, à onglet assez long et
jaunâtre. Style dépassant un peu les étamines. Capsule ovale-arrondie. Graines d'un brun assez foncé,
un peu plus longues que larges. Feuilles des rameaux florifères ovales-oblongues, environ trois
fois aussi longues que larges, d'abord un peu révolutées, à la fin très-planes, vertes et parsemées en
dessus de poils en étoile souvent épars et peu nombreux, canescentes en dessous. Tiges ligneuses, couchées à la base, d'un brun noirâtre; à rameaux nombreux, herbacés, verdâtres, ascendants, étalés,
flexueux et assez grêles. Plante de 2 à 3 déc., à
feuilles ovales-oblongues non révolutées.

L'*H. apenninum* que je viens de décrire, est celui
de Guépin, Fl. de M. et L. p. 288 et de Boreau Fl.
du Cent., vol. 2, p. 80. — Je l'ai cultivé de graines
reçues de M. Boreau, et ses caractères ne se sont
nullement modifiés par des semis successifs. Il ressemble beaucoup à l'*H. pulverulentum* D. C., et je
crois qu'il serait difficile de trouver deux espèces
distinctes qui soient plus semblables de port et d'as-

pect. La pubescence paraît la même chez l'une et l'autre, car l'*H. pulverulentum* cultivé dans un terrain frais et fertile, prend des feuilles verdâtres et glabriuscules en dessus; mais trois caractères constants les séparent; ce sont : 1° la forme des pétales dont l'onglet est évidemment plus allongé dans l'*H. apenninum* ; 2° la forme des feuilles qui sont constamment plus courtes relativement à leur largeur dans ce dernier que dans l'autre ; 3° les bords des feuilles qui sont toujours plus ou moins révolutés dans le *pulverulentum* et toujours planes dans les feuilles adultes de l'*apenninum*.

L'*H. polifolium* D. C. Fl. fr. 4, p. 823, à feuilles planes ovales-oblongues glabres en dessus, à calice glabriuscule et luisant, m'est inconnu et je ne puis rien en dire.

Les quatre *Helianthemum* qui précèdent sont certainement de bonnes espèces dont les caractères restent invariables par la culture.

L'*H. velutinum* est très-distinct de port et d'aspect. Cultivé à côté des *H. pulverulentum* et *apenninum*, il se montre plus robuste, à tiges du double plus épaisses, plus dénudées inférieurement et d'une couleur brune-rougeâtre très-remarquable. Ses rameaux florifères sont tous dressés, au lieu qu'ils sont ascendants et plus ou moins étalés dans les deux autres. Ses feuilles sont du double plus grandes et d'un vert bien plus cendré, couvertes d'un duvet très-fin et très-serré, ce qui les rend très-douces au toucher et comme veloutées. Ses fleurs sont plus grandes d'un tiers, au moins, à pétales bien plus élargis du haut. Son style ne dépasse pas les étamines et le stigmate est plus large. Sa capsule est manifestement plus grosse, et ses graines aussi plus grosses et de forme plus largement ovale.

L'*H. pilosum* est également très-distinct de port et d'aspect. Ses rameaux grêles, assez raides; ses petites feuilles très-étroites, à bords très-révolutés; ses fleurs plus petites; ses calices faiblement poilus et ses petites capsules le font reconnaître aisément.

Les *H. pulverulentum* et *apenninum* se distinguent l'un de l'autre par les caractères que j'ai indiqués plus haut. Il est encore d'autres espèces à fleurs blanches du midi de la France que je n'ai pas encore assez examinées pour en parler ici. Le genre *Helianthemum* présente en outre trois autres groupes qui méritent une attention spéciale et dont l'étude est des plus difficiles. Le premier groupe a pour type l'*H. vulgare* Gœrtn. Le second est représenté par l'*H. canum* Dun. dont M. Boreau vient de débrouiller la synonymie par de savantes recherches. Le troisième renferme les espèces voisines de l'*H. glutinosum* D. C. Comme j'ai déjà pu faire quelques observations sur plusieurs espèces de ces divers groupes, je me propose d'y revenir prochainement.

Explication de la deuxièm planche.

Fig. A. Helianthemum velutinum (N.).

1. Fragment de la plante de grandeur naturelle.
2. Fleur.
3. Sépale grossi.
4. Pétale de grandeur naturelle.
5. Ovaire grossi, surmonté par le style.
6. Capsule de grandeur naturelle.
7. Graine de grandeur naturelle.
8. Graine grossie.
9. Feuille d'un rameau florifère.
10. Fragment de feuille grossi pour montrer la disposition des poils.
11. Feuille d'un individu cultivé.

Fig. B. Helianthemum pulverulentum D. C.

1. Fleur de grandeur naturelle.
2. Sépale grossi.
3. Pétale de grandeur naturelle.
4. Ovaire grossi.
5. Capsule de grandeur naturelle.
6. Graine de grandeur naturelle.
7. Graine grossie.
8. Feuille d'un rameau florifère.
9. Fragment de feuille, grossi pour montrer la disposition des poils.

Fig. C. HELIANTHEMUM APENNINUM D. C.

1 à 9. Les mêmes organes qu'aux numéros correspondants de la fig. B.

Fig. D. HELIANTHEMUM PILOSUM Pers.

1 à 9. Les mêmes organes qu'aux numéros correspondants de la fig. B.

GENRE SAGINA.

Dans un précédent article sur le genre *Sagina*, je me suis borné à donner la description de deux es-pèces très-voisines de ce genre qui croissent aux environs de Lyon, et me suis abstenu de parler de plusieurs autres que j'ai rapportées de mes excur-sions dans le midi de la France et sur les caractères desquelles je n'étais pas encore bien fixé. Ayant vou-lu, depuis, soumettre à un sérieux examen ces for-mes qui m'avaient paru dignes d'attention, j'ai es-sayé de les cultiver, et les semis que j'en ai faits ont eu une parfaite réussite, de sorte que j'ai pu obser-ver vivantes ces petites plantes, et les suivre dans tous leurs développements. Je suis arrivé à constater d'une manière positive, indépendamment des deux espèces dont j'ai parlé en premier lieu, l'existence de trois autres espèces voisines, mais bien distinctes, pourvues de caractères assez tranchés et très-recon-naissables à leur port. L'une de ces trois espèces est le *S. maritima* Don., déjà signalé en France. Les deux autres me paraissent nouvelles, et n'ont été, que je sache, décrites nulle part. Je vais en donner la description, en commençant par celle du *S. maritima* Don.

SAGINA MARITIMA Don. Pl. 3, fig. A, 1 à 11.

Pédoncules capillaires, axillaires, uniflores, presque toujours dressés et très-lisses. Sépales écartés de la capsule à la maturité et à peine aussi longs qu'elle, ovales, obtus, non mucronés, concaves, blancs-membraneux sur les bords. Pétales blancs, oblongs, un peu rétrécis à la base, égalant la moitié de l'ovaire, d'abord dressés, à la fin étalés, très-persistants ou le plus souvent nuls sur le même individu. Etamines à filets très-peu dilatés à la base, à loges des anthères oblongues et blanchâtres. Styles ciliés, étalés, un peu recourbés. Ovaire ovale, à pédicelle propre presque nul, paraissant sessile sur le réceptacle. Capsule ovale-arrondie à la base, longue de 2 1/4 mill, et large à la base de 2 mill. Graines brunes, réniformes, très-finement chagrinées et munies sur le dos d'un sillon large et très-profond. Feuilles glabres, linéaires-subulées, aplanies en dessus, convexes en dessous, terminées par un mucron épais aigu, mais non aristées. Tige non radicante, ordinairement très-ramifiée dès la base; à ramifications principales dressées, plus ou moins étalées, peu flexueuses, assez raides, très-glabres ou rarement munies de petits poils glanduleux épars, prenant souvent une teinte violacée rougeâtre. Racine grêle, annuelle. Plante de 4 à 6 cent.

J'ai recueilli cette plante abondamment dans les lieux maritimes secs et sablonneux, à Mont-Redon près Marseille. Je l'ai aussi de Toulon. Mes échantillons ne me paraissent différer en rien de ceux que j'ai reçus des bords de l'Océan, de diverses localités françaises et de l'Angleterre.

Sagina densa. (N.), pl. 3, fig. B., 1 à 10.

Pédoncules capillaires, axillaires, uniflores, presque toujours dressés et très-lisses. Sépales peu écartés de la capsule à la maturité et aussi longs qu'elle, elliptiques-oblongs, obtus, non mucronés, fortement concaves, à bordure membraneuse assez large. Pétales nuls. Etamines à filets un peu dilatés vers l'extrême base, à loges de l'anthère elliptiques et blanchâtres. Styles ciliés, étalés un peu recourbés. Ovaire ovale-oblong, visiblement pédicellé. Capsule ovale-oblongue, longue de 2 1/4 mill., large de 1 1/2 mill. Graines brunes, réniformes-ovales, finement chagrinées, munies sur le dos d'un sillon étroit et superficiel. Feuilles glabres, linéaires-subulées, aplanies en dessus, convexes en dessous, aiguës et un peu mucronées, mais non aristées. Tiges non radicantes, naissant de la base en touffes extrémement denses, les plus extérieures inclinées-ascendantes, toutes redressées, assez fermes, très-glabres et très-lisses, ou parsemées de glandes sessiles à peine visibles à la loupe. Racine grêle, annuelle. Plante de 4 à 8 cent.

J'ai récolté cette espèce à Hyères (Var), tout près de la mer, au Ceinturon, dans les sables humides sur lesquels l'eau a séjourné pendant l'hiver. Elle fleurit en mai comme la précédente.

SAGINA DEBILIS. (N.), pl. 3, fig. C, 1 à 10.

Pédoncules capillaires, axillaires, uniflores, dressés ou un peu inclinés, flexueux, jamais raides, très-allongés, lisses. Sépales un peu écartés de la capsule à la maturité, plus longs qu'elle ou de même longueur, ovales, obtus, sans mucron, très-concaves, blancs membraneux sur les bords. Pétales nuls. Étamines à filets non dilatés à la base; à loges des anthères oblongues-elliptiques et blanchâtres. Styles ciliés, étalés. Ovaire très - visiblement pédicellé. Capsule ovale-oblongue, longue de 2 1/4 mill., large de 1 3/4 mill. Graines d'un brun clair, réniformes, très-finement chagrinées, à sillon dorsal fort large et peu profond. Feuilles glabres, linéaires-subulées, aplanies en dessus, convexes en dessous, aiguës et un peu mucronées, mais non aristées. Tiges non radicantes, divisées vers la base, peu nom-breuses, très-flexueuses, filiformes, faibles et tombantes, ne pouvant se soutenir, rarement dressées, très-glabres et très-lisses dans toutes leurs parties. Racine grêle, annuelle. Plante de 6 à 10 cent.

J'ai récolté cette espèce dans les lieux maritimes, à Collioure (Pyrénées orientales), et l'ai reçue de Bayonne. J'ai pensé d'abord que ce pouvait être le *S. filiformis* Pourr. que plusieurs auteurs rapportent en synonyme au *S. maritima* Don.; mais il n'est pas possible d'être fixé avec certitude sur cette plante de Pourret qui n'est bien connue de personne. Lapeyrouse, Abr. Suppl., dit que le *S. filiformis* vient aux Pyrénées pêle-mêle avec le *S. procumbens* L., et qu'on le confond avec ce dernier. Sprengel, Syst. vég. 1, p. 497, le décrit avec une tige dressée, des calices un peu aigus, des pédoncules en corymbe. Ces caractères ne conviennent à ma plante en aucune façon.

Les trois espèces que je viens de décrire s'éloignent des S. *apetala* et *patula* dont j'ai parlé précédemment par le caractère des feuilles dépourvues d'arête terminale. Elles ont chacune un port très-distinct qui les fait reconnaître au premier coup d'œil.

Le *S. maritima* Don. est dressé, rigidule. Ses feuilles (les caulinaires surtout) sont généralement un peu plus larges que dans les deux autres; elles sont très-planes en dessus, et réunies pareillement à la base en un godet membraneux; le mucron qui

les termine est un peu plus épais. Les sépales s'é-
cartent de la capsule à la maturité, sans cependant
s'ouvrir jamais sur un plan horizontal, comme cela
se voit ordinairement dans le *S. apetala* L. Cette
différence est d'une grande importance, mais ne
peut être bien appréciée que sur des exemplaires
frais et en très-bon état. Les deux sépales extérieurs
sont ici, comme dans toutes les espèces voisines,
un peu plus longs et plus larges que les deux intérieurs; la pointe qui existe à leur sommet dans les
S. patula et *apetala* est ici à peu près nulle. Ce
caractère m'a paru constant, et être toujours en
rapport avec les feuilles; les espèces à feuilles mutiques ayant toutes le calice également mutique.
La capsule, avant la déhiscence des loges, dépasse
légèrement le calice, moins cependant que dans le
S. apetala L.; elle est ovale, élargie et un peu
tronquée à la base, en apparence complètement
sessile sur le réceptacle; mais si on l'enlève adroi-
tement sans entamer ce dernier, on remarque qu'elle
est réellement pourvue d'un pédicelle propre qui
s'insère au centre du réceptacle dans une petite cavité circulaire, ce qui se voit d'une manière bien
plus évidente dans les *S. densa* et *debilis*. Les pétales manquent le plus souvent, mais ils ne sont
pas caducs, et persistent au contraire jusqu'après la
chute des graines, comme dans beaucoup d'espèces
de *Spergula* et d'*Alsine*. Ceux que j'ai observés ont

une forme très-régulière et sont blancs; ils paraissent s'éloigner beaucoup de ceux des *S. apetala* et *patula* que l'on prendrait plutôt pour des rudiments de pétales. Les étamines ont les filets plus étroits, et les anthères sont moins rondes que dans ces deux dernières espèces. Les styles sont garnis de cils plus allongés; leur nombre varie de 4 à 5 ainsi que dans tous les *Sagina* que j'ai pu observer, mais le nombre 4 est le plus ordinaire. Les graines sont remarquables par leur sillon dorsal large et profond.

Le *S. stricta* Fries est probablement la même plante que le *S. maritima* Don.; mais cela ne résulte pas clairement de la description donnée par Fries dans ses Nov. Fl. suec. ed. alt. p. 58. Il dit de sa plante qu'elle n'est jamais multicaule, qu'elle est presque toujours simple à la base et paniculée au sommet ; il lui attribue des pédoncules très-raides , *strictissimi*, des sépales marqués de nervures et égalant la capsule. Aucun de ces caractères ne convient à la plante dont je viens de donner la description, qui me paraît être le véritable *S. maritima* Don.

Le *S. densa* se distingue du *S. maritima* par ses tiges bien plus nombreuses, réunies en touffes très-denses; ses feuilles un peu plus étroites, moins fermes, plus aiguës; ses sépales plus étroits plus concaves, à bordure membraneuse plus large, et aussi longs que la capsule; son ovaire visiblement pédicellé; sa capsule de forme moins ovale, et surtout ses graines dont le sillon dorsal est très-étroit et superficiel.

Le *S. debilis* se reconnaît à ses tiges peu nombreuses, filiformes, retombant sur terre, et ses longs pédoncules flexueux. Ses feuilles sont plus aiguës que dans le *S. maritima*; ses sépales sont plus fortement concaves et non dépassés par la capsule. Son ovaire est plus nettement pédicellé que dans le *S. densa*, et sa capsule plus ovale. Ses graines se rapprochent beaucoup de celles du *S. maritima*; mais le sillon dorsal est moins profond.

Indépendamment des cinq espèces de *Sagina* dont j'ai signalé les caractères, j'en ai observé deux autres appartenant au même groupe et sur lesquelles je ne suis pas encore aussi bien fixé. Je pense néanmoins qu'il convient d'appeler sur elles l'attention. La première dont je n'ai vu que quelques pieds provenant des environs de Lyon, se rapproche beaucoup des *S. apetala* et *patula* dont elle me paraît différente. Elle est plus raide dans son port. Les feuilles sont plus courtes, d'un vert obscur, souvent presque canaliculées en dessus, terminées par une arête assez forte, rarement un peu ciliées vers la gaîne. Les sépales extérieurs sont larges, ovales, munis d'une large bordure membraneuse, terminés par une pointe assez forte dressée très-peu inclinée et non pas recourbée comme dans les *S. ape-*

tala et *patula;* ils sont écartés de la capsule à la maturité, mais non étalés en croix. Les pétales sont aussi petits que dans les deux autres, mais de forme différente, cunéiformes à la base, très-élargis au sommet, tronqués et obtusément émarginés. Les étamines ont les filets très-dilatés inférieurement. La capsule est ovale et ne dépasse pas les sépales. Les graines sont plus grosses que celles du *S. patula*, et doubles de celles de l'*apetala;* leur sillon est large et peu profond. Cette espèce est évidemment aussi bien caractérisée que les autres dont j'ai parlé; et je suis presque sûr d'avance du résultat de la culture. Je me propose néanmoins d'y revenir après que je l'aurai soumise à cette épreuve, et la nommerai provisoirement *S. neglecta*.

La seconde, dont il me reste à parler, provient des environs d'Hyères et de Toulon, où elle n'est pas rare sur les collines. Elle vient aussi aux îles d'Hyères, où je l'ai trouvée en abondance sur les pelouses sèches, parmi les rochers granitiques. Les semis que j'en ai faits ayant été détruits, je n'ai pu l'observer vivante et suis réduit à mes souvenirs et à l'examen des échantillons secs de mon herbier. Cette plante a la plupart des caractères du *S. apetala* L. : des feuilles le plus souvent ciliées et aristées; des sépales manifestement plus courts que la capsule, très-brièvement mucronés et étalés en croix à la maturité; mais elle me paraît différer constamment par ses tiges très-peu nombreuses, jamais ascendantes à la base, plus ou moins dressées, souvent très-divergentes. Son port est un peu moins grêle, quoiqu'elle soit souvent très-petite quand elle a cru sur des rochers très-secs, ou qu'elle s'est étiolée dans le gazon parmi des plantes robustes. Ses feuilles sont d'un beau vert clair, mais point pâles ni jaunâtres, généralement assez larges, à arête terminale plus forte que dans le *S. apetala*. Ses sépales sont plus ovales, à bordure membraneuse plus large ; ses pétales paraissent nuls ; ses étamines sont d'un tiers plus longues ; son ovaire est également sessile sur le réceptacle ; sa graine est aussi petite, mais moins brune, moins rugueuse, plus réniforme, à sillon assez profond.

Je ne puis croire que cette plante ne soit qu'une modification du *S. apetala*, si j'en juge d'après son aspect qui est très-différent ; mais je me réserve d'en faire une nouvelle étude, afin de mettre au jour tous ses caractères. Je la désignerai, en attendant, sous le nom de *S. mediterranea*.

Je possède une autre espèce de *Sagina* qui n'est pas française, et provient des îles Canaries. Je l'ai reçue, sous le nom de *S. apetala* L., du savant auteur de la Flore des Canaries, M. Webb. Elle me paraît très-distincte de toutes nos espèces. Les tiges sont très-nombreuses, à entre-nœuds très-rapprochés. Les feuilles sont presque toutes dressées ; les inférieures

serrées en faisceau contre la tige, allongées, filiformes, terminées par une arête ferme un peu piquante,
très-finement ciliées. Les fleurs sont disposées presque en corymbe, les pédoncules inférieurs atteignant
souvent les supérieurs qui sont beaucoup plus
courts. Ils sont tous plus ou moins inclinés et très-
flexueux, filiformes. Les fleurs sont très-petites et
ressemblent beaucoup à celles du *S. apetala*, mais
les sépales sont très-peu écartés de la capsule. La
graine est bien plus étroitement réniforme, à rugosités très-saillantes, à sillon dorsal très-profond.
D'après l'aspect des tiges, je présume qu'elle pourrait être vivace, ou peut-être radicante. Je propose
de nommer cette curieuse espèce *S. Webbiana*.

Il résulte des observations qui précèdent, que les
caractères tirés du nombre des parties de la fleur,
de l'absence ou de la présence des pétales, et de la
pubescence, ne sont pas très-constants dans les espèces du groupe dont je me suis occupé ; d'où je ne
conclus pas qu'ils doivent être négligés entièrement,
mais seulement qu'il ne faut leur donner qu'une importance secondaire ; car chaque espèce se présente
sous un état qui lui est plus habituel, et les cas d'exception sont rares. Ainsi, le *S. apetala* L., est presque toujours cilié. Le *S. maritima*, au contraire,
est ordinairement dépourvu de cils. Le *S. patula* a
presque toujours le calice et le haut des pédoncules
munis de glandes ou de poils glanduleux ; cependant

on le trouve glabre quelquefois. Le nombre des parties de la fleur est ordinairement de quatre, et ce n'est que très-rarement que l'on rencontre cinq styles ou cinq sépales. Je n'ai vu ordinairement que quatre sépales et quatre styles dans les *S. maritima, densa* et *debilis;* mais dans le *S. patula* le cas n'est pas très-rare, ce qui fait qu'on pourrait le prendre au premier aspect pour l'*Alsine tenuifolia* dont elle a le port, et qu'elle aurait été mieux nommée *S. alsinoides.*

Quant aux pétales, leur présence est très-rare dans certaines espèces; mais dans d'autres, telles que les *S. apetala* et *patula*, j'ai toujours trouvé un pétale rudimentaire dans toutes les fleurs que j'ai ouvertes. J'aurais pu tirer quelques caractères de l'étude des placentas, de leur forme et de leur grandeur relative qui varie un peu, du nombre des graines, de la longueur du funicule et du hile; mais, comme les différences que présentent ces organes sont très-légères et fort minutieuses, j'ai pensé qu'elles seraient de peu d'utilité pour la détermination des espèces qui d'ailleurs en présentent d'autres bien plus tranchées.

Explication de la troisième planche.

Fig. A. SAGINA MARITIMA Don.

1. La plante entière de grandeur naturelle.
2. Calice à la maturité des fruits, grossi.
3. Sépale grossi.

4. Pétale grossi.

5. Etamine grossie.

6. Ovaire grossi.

7. Capsule grossie.

8. Graine.

9 et 10. Graine grossie.

11. Feuille.

Fig. B. SAGINA DENSA (N.).

1. La plante entière de grandeur naturelle.

2. Calice à la maturité du fruit, grossi.

3. Sépale grossi.

4. Etamine grossie.

5. Ovaire grossi.

6. Capsule grossie.

7. Graine.

8 et 9. Graine grossie.

10. Feuille.

Fig. C. SAGINA DEBILIS (N.).

1 à 10. Les mêmes organes qu'aux numéros correspondants de la fig. B.

GENRE DORYCNIUM.

DORYCNIUM DECUMBENS (N.), pl. 4, fig. A, 1 à 12.

Fleurs réunies, au nombre de 15 à 20, en petits
capitules solitaires, presque hémisphériques, pédonculés, axillaires et terminaux, tournés presque d'un
seul côté, assez espacés tout le long des rameaux et
développés successivement. Pédoncules dressés-étalés, assez raides, deux ou trois fois plus longs que les
feuilles raméales, pourvus au-dessus du milieu d'une
feuille ternée avec ou sans stipules. Pédicelles épaissis au sommet, disposés comme en ombelle au sommet du pédoncule, de longueur presque égale, les
intérieurs dressés-étalés, les extérieurs inclinés laté-
ralement, munis à leur base d'une bractée lancéolée
très-petite. Calice couvert de poils dressés, appliqués
ou un peu lâches ; à tube campanulé, de la longueur
du pédicelle ; à dents presque égales, lancéolées-
linéaires, acuminées, environ de la longueur du
tube. Corolle blanche ou un peu lavée de rose, dépassant le calice de la moitié de sa longueur ; étendard
à limbe étalé obovale-arrondi, légèrement apiculé,
comprimé inférieurement, prolongé en onglet large
presque égal, contracté et atténué vers la base ; ailes
très-petites, deux fois plus courtes et plus étroites que

l'étendard, dépassant un peu les dents du calice, de
forme oblongue, étroitement unies par tous leurs
bords antérieurs, à convexité latérale oblongue peu
saillante ; carène bleuâtre, entièrement cachée sous
les ailes, oblongue, rétrécie et aiguë au sommet.
Ovaire linéaire-oblong, un peu atténué aux deux
extrémités. Style de la longueur de l'ovaire et redressé
sous un angle très-obtus. Gousse dépassant le calice,
glabre, ellipsoïde-oblongue, surmontée par le style,
finement carénée par les bords saillants des valves qui
sont dures et presque osseuses. Graine ordinairement solitaire, lisse, grisâtre ou maculée de vert,
de forme elliptique, à ombilic presque orbiculaire,
à hile égal au sixième du pourtour de la graine.
Cotylédons adultes pétiolulés, de forme ovale-elliptique, de consistance épaisse, un peu concaves en
dessus, d'un brun violacé en dessous. Feuilles toutes
exactement sessiles et formées de trois à quatre folioles dressées-étalées, d'un vert cendré, couvertes
de très-petits poils appliqués ou un peu lâches sur
les bords ; épaisses, légèrement concaves en dessus,
oblongues-linéaires, rétrécies inférieurement, courtement pétiolulées et accompagnées de deux stipules
de même forme et de même aspect. Tiges très-nombreuses, arrondies et d'un vert cendré comme les
feuilles, subherbacées, diffuses, allongées, flexueuses, ascendantes à la base, puis recourbées et tombantes, redressées à leur extrémité, munies de ra-

meaux courts peu étalés. Souche un peu ligneuse,
très-compacte. Racine formée d'un pivot presque
simple, oblique et très-allongé. Plante de 6 déc. environ, subherbacée, d'un vert un peu blanchâtre.

J'ai récolté cette espèce à Avignon, où elle croît
en quantité sur les sables des bords de la Durance.
Je l'ai reproduite de graines dans mon jardin. Elle
fleurit en juin et juillet. Comme les fleurs se développent sur les rameaux à mesure qu'ils s'allongent, la floraison est d'assez longue durée. Les capitules renferment ordinairement vingt fleurs, mais
plusieurs tombent de bonne heure, et il ne reste
qu'un petit nombre de fleurs fertiles. Le calice est
verdâtre ou prend une teinte un peu rougeâtre. La
fleur est blanche avec l'étendart un peu maculé de
rose en dessus, et souvent d'un rose pâle en dessous,
avec 5 raies longitudinales d'un rose plus foncé dont
deux extérieures très-courtes et la médiane prolongée jusqu'au sommet du limbe. La gousse est à la
maturité d'un brun roux, un peu luisante et plus
ou moins lisse, de grandeur assez variable comme
dans ses congénères, égalant environ 3 1/2 mill. en
longueur et 2 1/2 mill. en largeur. Les graines sont de
couleur assez variable, et ont ordinairement 1 2/3
mill. de long sur 1 1/4 de large. L'ombilic de la
graine est muni dans son pourtour de quelques
poils très-fins que je n'ai pas trouvés dans les graines des espèces voisines. Les cotylédons sont remar-

quables par leur consistance épaisse et leur port
dressé. Les poils qui couvrent toute la surface des
feuilles des tiges et des pédoncules sont tantôt tous
très-appliqués, tantôt entre-mêlés de poils un peu
étalés, sur un même individu. Les feuilles sont toujours plus ou moins aiguës, larges de 1 à 3 mill. et
longues de 10 à 15 mill. Les tiges ne sont pas suffrutescentes dans leur partie inférieure, mais au contraire souvent plus grêles vers la base que dans le
reste de leur longueur où elles atteignent un diamètre de 2 à 8 mill., et sont munies de stries très-fines
à peine visibles disposées presque en spirale. La
souche est très-compacte et n'émet aucun rejet que
l'on puisse en séparer pour la multiplier sans l'entamer d'une manière notable.

Le *D. decumbens* est fort voisin des *D. suffruticosum* Vill. et *herbaceum* Vill.; mais il est distinct de
ces deux espèces au même titre qu'elles le sont l'une
de l'autre. Si l'on n'a égard qu'aux descriptions des
auteurs, on ne voit pas très-bien quelles sont les
différences essentielles qui séparent ces deux dernières espèces. Ces différences sont même si peu
manifestes, que plusieurs auteurs modernes ont
cru devoir les réunir. Ainsi, Ledebour, Fl. ross. p.
558, réunit en une seule espèce les *D. intermedium*
Led., *herbaceum* Vill., *suffruticosum* Vill.; et cette
réunion serait certainement fondée s'il n'existait pas
d'autres caractères pour distinguer ces plantes que

ceux tirés des poils étalés ou appliqués, des feuilles plus ou moins larges, des fleurs plus ou moins nombreuses; car on trouve souvent des poils appliqués et étalés sur un même pied. Les feuilles varient de largeur, et les fleurs étant assez caduques, il n'est pas toujours facile de s'assurer de leur nombre exact qui est d'ailleurs sujet à varier. Ayant soumis à la culture les *D. suffruticosum* et *herbaceum*, j'ai pu me convaincre par leur étude sur le frais que ces deux espèces étaient réellement bien distinctes, et qu'elles présentaient dans la forme et les proportions des parties de la fleur des différences très-nettes, en même temps qu'elles conservaient dans des conditions identiques un port et un aspect tout-à-fait différent. Je vais indiquer leurs principaux caractères dans les descriptions suivantes.

Dorycnium suffruticosum Vill.

Pédoncules solitaires, axillaires et terminaux, dressés-étalés, assez raides, trois à six fois plus longs que les feuilles raméales, nus ou munis au-dessous du sommet d'une ou plusieurs folioles. Capitule renfermant 6-12 fleurs. Calice soyeux-blanchâtre, à tube campanulé, à dents ovales-lancéolées un peu inégales et plus courtes que le tube. Corolle blanche, double du calice; étendard à limbe étalé, ovale-arrondi, apiculé, comprimé inférieurement et prolongé en onglet large cunéiforme à la base ; ailes plus larges ensemble que l'étendard et moins longues, à convexité latérale globuleuse enflée très-saillante, à bords antérieurs unis au sommet et détachés vers la base, laissant à découvert une partie de la carène. qui est d'un bleu noirâtre. Gousse arrondie-elliptique, très-obtuse, deux fois plus longues que le calice, monosperme. Folioles soyeuses-blanchâtres, à poils accombants très-appliqués ou un peu lâches, courtes, épaisses, linéaires ou oblongues, rétrécies à la base, les inférieures obtuses mucronulées, les supérieures un peu aiguës. Tiges basses, suffrutescentes, très-rameuses, tortueuses et couchées à la base ; à rameaux florifères très-nombreux, dressés et serrés en touffe épaisse. Souche presque nulle. Racine dure, ligneuse, un peu rameuse. Plante de 2 à 3 déc., soyeuse-blanchâtre et ligneuse.

Il est commun dans les départements méridionaux de la France, et se trouve en remontant la vallée du Rhône, jusqu'aux environs de Tournon (Ardèche). Il vient dans les lieux secs et pierreux et parmi les rochers surtout calcaires. Il fleurit en mai.

Dorycnium herbaceum. Vill.

Pédoncules solitaires, axillaires et terminaux, dressés-étalés, peu raides, trois fois plus longs que les feuilles, munis au sommet d'une foliole solitaire ou le plus souvent nus. Capitule renfermant 15 - 20 fleurs. Calice couvert de poils dressés, à tube campanulé, à dents ovales aiguës presque égales et deux fois plus courtes que le tube. Corolle blanche double du calice; étendard à limbe court, peu étalé, ovale, obtus, non comprimé, prolongé en onglet d'égale largeur et cunéiforme à la base; ailes un peu plus courtes que l'étendard et plus larges ensemble, à convexité latérale saillante de forme ovale-arrondie, à bords antérieurs très-connivents et cachant entièrement la carène qui est bleuâtre. Gousse ovoïde, peu obtuse, deux fois plus longue que le calice, ordinairement monosperme. Folioles vertes, parsemées de poils lâches étalés ou accombants, minces, oblongues, assez larges, rétrécies à la base, obtuses ou un peu aiguës et mucronulées au sommet. Tiges nombreuses subherbacées, dressées, diffuses et ascendantes à la base, à rameaux peu étalés. Souche un peu ligneuse, assez compacte. Racine allongée, peu ligneuse. Plante de 3 à 4˜déc., verte et subherbacée.

Il est rare en France, et je ne lui connais d'autre localité que celle des bords du Drac près Grenoble indiquée par Villars. Je l'ai cultivé de graines provenant de cette localité. Il fleurit en juin.

Le nom d'*herbaceum* donné par Villars à cette plante est très-bien appliqué, si on la compare au

D. suffruticosum et n'est pas *nomen ineptissimum* comme l'a prétendu avec un peu trop de légèreté un auteur allemand. En effet, le *D. suffruticosum* est un véritable sous-arbrisseau rameux et ligneux dans sa partie inférieure, tandis que dans l'*herbaceum* il n'y a d'un peu ligneux que la souche qui est sous terre, et les tiges peuvent être considérées comme herbacées.

Les différences qui séparent ces deux espèces sont nombreuses et très-claires, comme cela résulte des descriptions qui précèdent ; le limbe de l'étendard étant obové-arrondi, apiculé, resserré au-dessus de l'onglet dans le *suffruticosum*, tandis que dans l'*herbaceum* il est beaucoup plus petit, ovale, non comprimé à la base. Les ailes sont renflées bien davantage dans le premier, et leurs bords sont moins étroitement unis par devant. Les pédoncules sont plus longs relativement aux feuilles, et les capitules à fleurs moins nombreuses. Les gousses sont généralement plus grosses, plus obtuses, à bords des valves plus saillants. Les graines sont plus rondes. Les feuilles sont plus courtes et plus épaisses. Il est plus bas, plus ligneux, plus blanchâtre, et se distingue au premier aspect.

Le *D. decumbens* est parfaitement distinct des *D. suffruticosum*, et *herbaceum* par la forme de la corolle dont l'étendard est très-ample, à limbe obovale-arrondi, brièvement apiculé, tandis que

les ailes sont très-petites à convexité latérale très-
peu saillante et à bords antérieurs très-étroitement
unis. La carène est plus étroite. Les dents du calice
sont plus étroites et plus allongées. La gousse et la
graine sont un peu plus petites et de forme plus
évidemment ellipsoide. Les feuilles se rapprochent
de celles du *suffruticosum* par leur couleur cen-
drée un peu blanchâtre, et leur pubescence généralement très-fine et très-appliquée ; mais les folioles sont constamment plus longues et plus aiguës
que dans ce dernier. Les tiges sont du triple plus
allongées et d'un port très-différent ; elles sont herbacées et non suffrutescentes à la base, d'un diamètre plus fort que les rameaux florifères de ce
dernier, naissant en touffe diffuse d'une souche
très-compacte, munies de rameaux peu étalés et de
pédoncules deux fois et non trois ou six fois plus
longs que les feuilles, très-nombreux, développés
successivement et portant des capitules de 15 à 20
fleurs au lieu de 6 à 12. La corolle est un peu lavée
de rose, surtout en dehors, et non très-blanche.
La floraison est plus tardive d'un mois. Il se rapproche davantage du *D. herbaceum* par son mode
de végétation et la consistance herbacée des tiges ;
mais il en diffère, indépendamment de la forme
de la corolle qui est si caractéristique, par les pédoncules plus épais, plus raides, deux fois et non trois fois
plus longs que les feuilles, munis presque toujours

de trois folioles au-dessus de leur milieu, tandis
que dans l'*herbaceum* ils sont nus ou ne portent
qu'une foliole placée immédiatement au-dessous du
sommet; par la forme des folioles qui sont bien
plus étroites, plus aiguës, de nature bien plus
épaisse, un peu concaves en dessus, et généralement plus dressées; par la pubescence des feuilles
et des tiges qui est blanchâtre, très-serrée, aussi
courte et aussi appliquée que dans le *suffruticosum*.
Son port est également très-différent, ses tiges étant
plus diffuses, tombantes, jamais entièrement redressées, plus flexueuses, plus allongées, plus robustes, émettant des capitules de fleurs dans une
grande partie de leur longueur. La souche paraît
plus compacte et plus multicaule.

Le *D. intermedium* Led. d'après Ledebour lui-
même, est exactement la même plante que le *D.
herbaceum* Vill. Il lui attribue des feuilles obova-
les-cunéiformes, couvertes ainsi que les tiges de
poils étalés et épars.

Le *D. latifolium* Wild. se rapproche beaucoup par la forme de l'étendard et des ailes du *D.
decumbens;* seulement le limbe de l'étendard est
émarginé au sommet et non apiculé, et l'onglet est
plus longuement atténué à la base. Ses larges feuilles, ses tiges toutes velues à poils étalés, et ses
fruits oblongs-cylindriques le distinguent de toutes les autres espèces.

J'ai observé dans le midi de la France, surtout
dans les lieux maritimes, un autre *Dorycnium* à tiges
plus grêles et plus herbacées que celles des précédents, qui est sans doute pris par beaucoup de
botanistes du midi pour le *D. herbaceum* Vill; mais
il s'éloigne beaucoup du véritable *herbaceum* par
ses fleurs plus petites, moins nombreuses, et ses
feuilles très-étroites. Il me paraît plus voisin du
D. decumbens. Je n'ai pas encore pu le soumettre
à la culture comme les trois espèces qui précèdent;
mais d'après son port, son *habitat*, et l'examen
que j'ai pu faire des parties de la fleur sur de nombreux échantillons, je ne doute pas qu'il ne fasse une
espèce vraiment distincte. En voici la description.

DORYCNIUM GRACILE (N.).

Pédoncules solitaires, axillaires et terminaux,
dressés-étalés, deux ou quatre fois plus longs que
les feuilles, munis, très-près du sommet ou un
peu au-dessous, de 1 à 3 folioles, rarement nus.
Capitule renfermant 10 à 15 fleurs très-petites. Calice soyeux-blanchâtre, à tube campanulé, à dents
lancéolées-linéaires acuminées presque égales au
tube. Corolle blanche plus longue que le calice de
la moitié de sa longueur; étendard à limbe dressé,
un peu étalé, ovale-arrondi, apiculé au sommet,
non comprimé et prolongé uniformément en onglet atténué vers la base; ailes plus courtes que

l'étendard et aussi larges, à convexité latérale ovale-
arrondie saillante, à bords antérieurs connivents et
couvrant entièrement la carène qui est bleuâtre.
Gousse petite, de forme arrondie-elliptique, monosperme. Folioles vertes, couvertes de poils épars
étalés ou accombants, planes, peu épaisses, linéaires, rétrécies à la base, les supérieures très-aiguës
au sommet. Tiges nombreuses, grêles, herbacées,
flexueuses, dressées, ascendantes à la base, à rameaux très-rapprochés de la tige. Souche dure,
noueuse, ramifiée, peu compacte. Plante de 2 à 4
déc., verte et herbacée.

J'ai récolté cette espèce dans les lieux herbeux et
un peu marécageux des bords de la mer aux Pes-
quiers près Hyères (Var), aux Sablettes près Toulon,
et à la plage maritime de Cette (Hérault). Elle fleurit en juin. Ses fleurs sont plus petites que celles
des autres espèces; ses feuilles sont étroites, plus
ou moins velues; et ses tiges très-grêles, tout-à-
fait herbacées. Elle ne peut être comparée au *D. suffruticosum*, et a plus d'affinité avec les *D. herbaceum* et *decumbens*. Elle diffère du premier par
les fleurs plus petites et moins nombreuses; la
forme de l'étendard qui est arrondi et apiculé au
sommet, et dont l'onglet est bien plus atténué vers
la base; les dents du calice plus étroites et plus
longues; les gousses et les graines plus petites;
les feuilles bien plus étroites et plus aiguës;

les tiges plus herbacées et plus flexueuses. Elle
s'éloigne du second par les fleurs plus petites ;
la corolle blanche dont l'étendard n'est point arrondi-obové ni comprimé au-dessus de l'onglet , et
dont les ailes sont plus grandes plus enflées et
aussi larges que le limbe de l'étendard ; par la pubescence des feuilles et des tiges qui est lâche et
peu fournie. Les tiges sont dressées , moins robustes et moins allongées. La souche est un peu radicante, et non très-compacte. Ces différences me paraissent très-suffisantes pour légitimer cette espèce
et préjuger le résultat de la culture.

Explication de la quatrième planche.

Fig. A. DORYCNIUM DECUMBENS (N.).

1. Fragment de tige en fleur de grandeur naturelle.
2. Fleur vue par devant, grossie.
3. La même vue de côté.
4. Étendard grossi.
5. Aile grossie.
6. Carène grossie.
7. Ovaire avec le style grossi.
8. Gousse entourée du calice, grossie.
9. Graine de grandeur naturelle.
10. Graine grossie.
11. Feuille avec stipules.
12. Jeune plante pourvue de ses cotylédons.

Fig. B. DORYCNIUM SUFFRUTICOSUM Vill.

1. Fleur vue par devant, grossie.

2. La même vue de côté.
3. Étendard grossi.
4. Aile grossie.
5. Carène grossie.
6. Ovaire avec le style grossi.
7. Gousse entourée du calice, grossie.
8. Graine de grandeur naturelle.
9. Graine grossie.
10. Feuille avec stipules.

Fig. C. DORYCNIUM HERBACEUM Vill.

1 à 10. Les mêmes organes qu'aux numéros correspondants de la fig. B.

Fig. D. DORYCNIUM GRACILE (N.).

1 à 10. Les mêmes organes qu'aux numéros correspondants de la fig. B.

GENRE PEPLIS.

Depuis la publication de l'*Ammania Borœi* par
M. Guépin, j'ai eu l'occasion d'observer aux environs de Lyon une plante très-voisine de cette espèce,
qui m'en a paru néanmoins différente au premier
aspect. Elle a comme elle toutes les feuilles alternes,
ce qui la distingue très-bien soit du *Lythrum nummularifolium* Lois., soit du *Peplis Portula* L. ; mais
son calice fructifère est de forme allongée, et sa
capsule est plus longue que large, ce qui la rapproche du *Lythrum nummularifolium* Lois. dont elle a
aussi les feuilles arrondies au sommet, de sorte
qu'elle paraît intermédiaire entre ces deux espèces.
D'un autre côté, elle a le style court et le stigmate
muni de très-petites papilles comme le *Peplis Portula* L. Voulant bien apprécier les différences qui séparent ces diverses plantes, j'ai essayé de les cultiver
en les plaçant dans des conditions d'humidité favorables à leur développement. Par ce moyen je suis
arrivé à me convaincre que la plante de Lyon est
une espèce distincte de l'*Ammania Borœi* Guép·
tout aussi bien que du *Lythrum nummularifolium*
Lois. et du *Peplis Portula* L. J'ai reconnu aussi
d'une manière évidente, par la comparaison atten·

tive que j'ai faite de tous les organes, que ces quatre
espèces ne pouvaient être séparées dans des genres
différents, mais qu'elles formaient ensemble un
groupe très-naturel, et devaient toutes être considérées comme de véritables *Peplis*.

Si l'on compare entre elles les espèces des genres
Lythrum, *Peplis* et *Ammania*, on trouve qu'elles
ont beaucoup d'affinité et qu'aucune différence
d'organisation bien notable ne les sépare. Toutes ont
des capsules biloculaires, à déhiscence septicide,
s'ouvrant en 4 valves au sommet, ou quelquefois
se déchirant par lambeaux, avant la désunion des
valves, lorsque les capsules sont plus longues que
le calice et les cloisons très-minces. Les deux loges
de la capsule sont séparées par un placentaire cen-
tral qui adhère aux cloisons, vers la suture, dans
toute sa longueur, ce qui est indiqué au dehors par
un sillon très marqué qui se voit à partir de la base
de la capsule jusqu'au point où finit le placentaire.
Les graines sont disposées longitudinalement, par
rangs très-serrés, sur le milieu du placentaire qui
est relevé en angle saillant dans les *Ammania*. Cet
angle est ordinairement assez épais dans les *Peplis*,
ce qui donne au placentaire à l'état jeune une forme
presque cylindrique. Dans les *Lythrum* dont la capsule est allongée et très-étroite, la cloison placentérienne est occupée entièrement par les graines.
Ces différences sont peu tranchées, et l'on trouve

sur diverses espèces tous les passages de l'une à l'autre forme. Dans ces trois genres, les graines sont redressées plus ou moins dans les loges, tandis que leur sommet organique se trouve placé à côté du hile. Elles sont obovales, convexes sur la face externe. Dans les *Ammania* la face interne est très-concave. Cette concavité est beaucoup moins marquée dans les *Peplis*, lesquels présentent au milieu de cette face une très-légère côte qui devient saillante dans les *Lythrum*, de sorte que la graine de ces derniers est presque convexe sur les deux faces et un peu anguleuse. Le *testa* des graines est assez coriace, plus ou moins lisse, souvent un peu rude ou hispidule à l'état jeune, et quand la graine est humectée. L'embryon est droit. D'après Endlicher Gen. n° 6144, les cotylédons de l'embryon des *Peplis* seraient ovales comprimés, ceux des *Lythrum* orbiculaires et ceux des *Ammania* orbiculaires cordés à la base. Je n'ai pas su trouver des différences aussi nettes et je n'ai vu sur les graines que j'ai pu examiner que des cotylédons plus ou moins orbiculaires, toujours un peu comprimés à la base, et légèrement auriculés.

Le style, les étamines, les pétales, n'offrent aucune différence bien essentielle, soit dans leur forme, soit dans leur position. Le principal caractère qui distingue ces trois genres est tiré de la forme du calice et du nombre des divisions ou dents qui le

terminent. Les caractères génériques tirés du nombre, lorsqu'ils sont constants (ce qui n'a pas lieu
toujours), sont sans contredit les meilleurs, car ce
sont les plus précis et les plus faciles à reconnaître.
Dans les *Lythrarieæ* en général, la forme du calice
est très-constante, et il n'arrive pas souvent que le
nombre de ses divisions varie dans une même espèce, d'où il faut conclure que c'est un caractère
spécifique. Or, un caractère spécifique qui est commun à plusieurs espèces, devient naturellement un
caractère générique. Je pense donc d'après cela
qu'on peut établir les genres des *Lythrarieæ* d'a-
près la forme du calice et le nombre de ses divisions, quoique dans certains cas ce nombre puisse
varier.

Le genre *Lythrum* aura pour caractère essentiel
un calice tubuleux-cylindrique terminé par 12
dents, le genre *Peplis* un calice également à 12 dents
mais de forme campanulée, et le genre *Ammania*
un calice campanulé à 8 dents.

Les espèces rapportées au genre *Lythrum* dont le
calice a moins de 12 dents, ainsi que les *ammania*
dont le calice en a plus de 8, enfin celles en petit
nombre chez lesquelles ce nombre est variable sur
un même individu, pourront causer quelque embarras; mais si l'on a égard à la forme générale du
calice ainsi qu'à l'ensemble des caractères de la
plante, on appréciera toujours leurs vraies affinités.

Je crois d'ailleurs qu'on chercherait vainement entre
ces divers genres une démarcation bien tranchée, car
elle n'existe pas, et l'on trouve des passages insensi-
bles de l'un à l'autre. Tout ce que l'on peut faire
c'est de rapprocher les espèces les plus voisines, en
prenant pour types des genres celles qui ont servi
dans le principe à leur établissement.

L'objet de cette note étant la réunion au genre
Peplis de trois espèces dont une est nouvelle, je
vais, avant de donner la description des quatre
espèces françaises qu'il comprendra maintenant, établir ses caractères non pas seulement d'après ce
qui le distingue des *Lythrum* et des *Ammania,* mais
d'après tout ce que les espèces qu'il renferme ont
de commun.

PEPLIS (L. Gen. n. 446).

Calice bibractéolé, à tube campanulé marqué de
12 nervures ; à 12 dents disposées sur deux rangs,
alternes, les 6 intérieures plus larges dressées, les 6
extérieures étalées déjetées. Pétales 6, souvent nuls,
obovales-orbiculaires, insérés au sommet du tube
du calice, devant ses divisions externes. Etamines
6, alternes avec les pétales, insérées à la partie inférieure du tube du calice et non saillantes en
dehors. Style persistant, assez court. Stygmate ca-
pité, entier. Capsule membraneuse, ovale-arrondie, biloculaire, polysperme, s'ouvrant au sommet

en 4 valves, ou quelquefois se déchirant par lambeaux irréguliers avant la déhiscence des valves,
marquée en dehors, de chaque côté, vers la suture
des loges, d'un sillon longitudinal élargi inférieurement. Graines redressées, obovales, aplanies sur la
face interne, convexes sur l'autre, disposées longitudinalement vers le milieu plus ou moins élargi ou
relevé du placentaire qui sépare les deux loges, paraissant presque lisses, mais toutes couvertes de petits poils qui sont appliqués sur le *testa* quand il est
sec et étalés quand il est humide.

PEPLIS PORTULA L. Pl. 5. fig. A, 1 à 13.

Fleurs solitaires à l'aisselle de presque toutes les
feuilles. Pédicelle très-court, presque nul; muni à
sa base de deux petites bractées opposées, membra-
neuses, blanchâtres, presque lisses, très-étroites,
dressées et plus courtes que le tube du calice. Calice
à tube court, évasé, glabre; à dents internes ovales-acuminées, glabres, hispidules à la pointe;
à dents externes très-étalées, un peu courbées en
dehors, glabriuscules, souvent écourtées et presque nulles. Pétales ordinairement nuls. Etamines atteignant le sommet du tube; à filets insérés
vers son quart inférieur, d'un blanc rosé; à anthères rougeâtres, ovales-arrondies. Ovaire ovale-
elliptique, hérissé de très-petits poils. Style court,
égalant le quart de l'ovaire, Stigmate verdâtre,

muni de papilles très-courtes, situé au niveau des anthères. Capsule arrondie, aussi large que longue, dépassant le calice ; à cloisons minces, toruleuses, laissant voir les graines en saillie, et se brisant au moindre choc. Graines de couleur pâle, obovées, paraissant lisses à l'état sec, disposées en rangs nombreux et très-serrés au milieu du placentaire qui est court et épais. Cotylédons très-étroitement obovés-spatulés. Feuilles toutes opposées, obovées-spatulées rétrécies en pétiole à la base. Tige à rameaux nombreux flexueux, émergée dressée, submergée couchée et radicante ainsi que la partie inférieure des rameaux. Racine fibreuse. Plante glabre assez petite, s'allongeant plus ou moins.

Cette espèce est assez commune en France sur le bord des étangs et des marais et dans les lieux inondés pendant l'hiver. On la trouve en fleur tout l'été. Je n'ai jamais pu trouver de pétales sur les fleurs des individus que j'ai examinés, il est probable cependant qu'ils existent quelquefois et que leur forme diffère peu de celle des pétales des espèces voisines. Le tube du calice n'a qu'un mill. de hauteur ; il est marqué de 12 nervures qui correspondent aux 12 dents qui le terminent, et prend ordinairement une teinte rougeâtre ainsi que la capsule et souvent toute la tige. La longueur de l'ovaire est de 1 mill., et celle du style de 1/4 mill. à peine. La capsule a 1 3/4 mill. en longueur et autant en largeur. La graine est longue de 4/7 mill. et large de 3/7 mill.

Peplis Boroei (Guép.). Pl. 5 , fig. B, 1 à 13.

Fleurs solitaires à l'aisselle de presque toutes les feuilles. Pédicelle court, mais assez visible, muni de deux petites bractées hispidules qui n'atteignent pas la moitié du tube du calice fructifère. Calice à tube exactement campanulé, assez élargi à l'ouverture, aussi long que large ; à dents courtes, rudes-ciliées, les intérieures ovales subitement acuminées, les extérieures linéaires obtuses. Pétales très-petits, d'un assez beau rouge, devenant roses en vieillissant, assez persistants, rarement nuls, de forme ovale-arrondie, un peu rétrécis à la base, à onglet presque nul. Etamines égalant le tube ; à filets insérés vers son quart inférieur, blanchâtres à la base, purpurins au sommet ; à anthères ovales-arrondies, d'un jaune verdâtre. Ovaire ovale-elliptique, hérissé de longs poils. Style presque égal à la moitié de l'ovaire. Stigmate verdâtre, muni de papilles allongées paraissant un peu rayonnantes. Capsule arrondie presque aussi large que longue, égalant ou dépassant à peine le tube du calice, à cloisons assez minces, un peu toruleuses, à déhiscence ordinairement septicide. Graines obovées, d'un brun clair,

6

paraissant presque lisses, disposées sur plusieurs rangs rapprochés au milieu du placentaire qui est un peu renflé. Cotylédons oblongs, rétrécis à la base. Feuilles toutes alternes, oblongues ou ovales-oblongues, obtuses, un peu rétrécies au sommet et bien davantage à la base, finement rudes-ciliées sur les bords. Tige dressée, à rameaux nombreux flexueux, ou très-souvent couchée et radicante, très-finement hispidule. Racine grêle, annuelle. Plante de petite taille, paraissant glabre, mais vue à la loupe, parsemée sur la tige les nervures et les bords des feuilles, ainsi que sur les nervures et les dents du calice, de petits poils assez raides.

Cette espèce n'a encore été observée que dans l'ouest de la France. Je l'ai reçue de Juigné (Maine-et-Loire) de M. Boreau, et de Maures (Loire-Inférieure) de M. Lloyd. Elle habite, comme le *Peplis portula* L, les lieux inondés pendant l'hiver, et fleurit à la même époque. Le tube du calice atteint 1 1/2 mill. ou quelquefois 2 mill. en longueur et en largeur; il est marqué de nervures comme dans le *Peplis portula*. Les pétales manquent moins souvent dans cette espèce que dans les autres, et sur tous les individus que j'ai obtenus de semis, la plupart des fleurs étaient pourvues de leurs six pétales qui se conservaient pendant plusieurs jours. Je crois qu'il en est de même dans les espèces voisines, et que, si très-souvent on ne leur trouve aucun pétale, ce n'est pas qu'ils soient très-caducs, comme on le dit, mais c'est qu'ils manquent tout-à-fait. Leur largeur dans cette espèce, de même que leur longueur, est d'environ 1 mill. ou 4/5 mill. La longueur de l'ovaire est de 1 mill., et celle du style de 1/2 mill. Le stigmate a presque 1/2 mill. de diamètre. La capsule est longue de 2 mill. et presque aussi large. La graine est longue de 1/2 mill. sur 2/5 de large.

PEPLIS TIMEROYI. (N.) pl. 5, fig. C, 1 à 16.

Fleurs solitaires à l'aisselle de presque toutes les feuilles. Pédicelle très-court, presque nul ; muni de deux bractées sétacées, un peu rudes, dépassant la moitié du tube du calice fructifère. Calice à tube campanulé-cylindrique, évidemment plus long que large ; à dents assez longues, très-peu rudes-ciliées, glabriuscules ; les intérieures ovales, aiguës, d'abord dressées au moment de l'anthèse, puis inclinées immédiatement après et refermant incomplètement l'ouverture du tube, redressées ensuite après la maturation ; les extérieures étroitement linéaires, allongées, un peu aiguës, très-étalées. Pétales très-petits, purpurins, obovales-arrondis, très-souvent nuls. Etamines plus courtes que le tube ; à filets blanchâtres, insérés vers son cinquième inférieur ; à anthères ovales-arrondies. Ovaire ovale-

oblong, d'un jaune livide, hérissé de petits poils.
Style égalant à peine le quart de l'ovaire. Stigmate
à disque d'un blanc verdâtre, muni de papilles très-
courtes peu visibles. Capsule ovale-elliptique, un
peu plus longue que large, égalant à peine le tube
du calice, s'ouvrant distinctement au sommet en
4 valves. Placentaire assez allongé, peu renflé dans
le milieu. Graines obovées-oblongues d'un brun
clair, paraissant lisses ou scabriuscules, disposées
sur des rangs très-serrés. Cotylédons oblongs, obtus, rétrécis à la base. Feuilles toutes alternes, oblon-
gues-obovées, arrondies et très-obtuses au sommet,
rétrécies inférieurement, à pubescence presque nulle.
Tige dressée ou couchée, très-rameuse, souvent radicante ainsi que la partie inférieure des rameaux,
munie de petits poils épars à peine visibles. Racine
grêle, annuelle. Plante de petite taille, plus ou moins
allongée comme ses congénères, glabriuscule, à
pubescence rare et peu visible.

J'ai recueilli cette espèce remarquable sur les
bords des étangs de Lavaure près Chassagny (Rhône),
d'après l'indication de M. Timeroy, botaniste lyonnais très-instruit, auquel je suis redevable de beaucoup d'utiles renseignements sur les plantes des environs de Lyon, et dont les conseils éclairés et les
observations judicieuses m'ont été d'un grand se-
cours pour l'étude d'un bon nombre d'espèces critiques.

Elle se développe à mesure que les bords des
étangs se dessèchent, et on la trouve en fleur depuis la fin de mai jusqu'au mois de septembre. Son
calice fructifère a 3 mill. de long, sur 2 mill. de
large; il est marqué de nervures comme celui des
deux espèces qui précèdent, mais il est plus rarement rougeâtre. Les pétales n'ont guère plus de
1/2 mill. de long. L'ovaire est long de 1 mill. et le
style de 1/4 de mill.. Le disque des stigmates n'a
que 1/3 mill. de diamètre. La graine est longue de
4/7 mill. et large de 1/3 mill. Les feuilles primor-
diales sont très-petites, ainsi que dans les autres espèces; elles sont disposées par paires si rapprochées
qu'on ne saurait voir si elles sont opposées ou alternes. Aussitôt que la tige commence à s'allonger
un peu, elle émet des feuilles évidemment alternes avec des fleurs axillaires et des ramifications
qui partent toujours très-près de la base.

PEPLIS NUMMULARIFOLIA (Lois.) Pl. 5,
fig. D, 1 à 13.

Fleurs solitaires à l'aisselle des feuilles, dans la
partie supérieure de la plante. Pédicelle égalant en
longueur le tiers du tube du calice; à bractées n'atteignant pas le milieu de celui-ci. Calice à tube régulièrement campanulé, plus long que large; à
dents intérieures ovales-acuminées, dressées, hispi-

dules à la pointe; à dents extérieures linéaires, aiguës, assez courtes, très-étalées, souvent écourtées
ou presque nulles. Pétales d'une belle couleur purpurine, ovales, un peu plus longs que larges, persistants, souvent nuls. Étamines un peu plus courtes
que le tube; à filets insérés vers son quart inférieur;
à anthères ovales-arrondies, d'un vert jaunâtre.
Ovaire ovale-oblong, hérissé de poils courts. Style
égalant la moitié de l'ovaire. Stigmate blanchâtre,
à papilles allongées paraissant rayonnantes. Capsule elliptique, plus longue que large, dépassant
légèrement le tube du calice, à cloisons minces et
souvent déchirées avant la déhiscence. Placentaire
allongé, peu renflé. Graines de couleur pâle, obovées-elliptiques, paraissant lisses. Cotylédons oblongs, obtus, rétrécis à la base. Feuilles toutes opposées ou un peu alternes dans la partie supérieure
de la plante, elliptiques-obovées, arrondies au sommet, rétrécies insensiblement vers la base, presque
glabres. Tige dressée, ordinairement peu rameuse,
assez rarement couchée et radicante, brièvement
hispidule ou souvent lisse. Racine grêle, annuelle.
Plante de taille variable comme ses congénères,
cependant plus robuste et à feuilles plus larges,
presque glabre.

Cette plante se trouve dans plusieurs localités du
midi de la France, mais n'est pas commune. Je l'ai
de Hyères, de Fréjus, du Luc (Var), de Montpellier,

87

et de Corse. Sa station est la même que celle des espèces qui précèdent. Elle commence à fleurir vers la fin de mai. Le calice a bien réellement 12 dents dans les échantillons d'Ajaccio comme dans ceux de France, et non pas seulement 8 comme le décrit Loiseleur, Fl. gall. ed. 2, 1, p. 335 ; mais il arrive, ce qui se voit souvent dans le *Peplis Portula* et très-rarement dans les *P. Borœi* et *Timeroyi*, que quelques-unes des dents extérieures avortent ou sont écourtées ; leur place est d'ailleurs très-bien indiquée par la saillie que présentent dans ce cas les sinus qui séparent les dents internes, et par les nervures correspondantes du tube fructifère dont le nombre m'a paru constant. La longueur du tube fructifère est de 2 1/2 mill., et sa largeur de 2 mill. Les pétales sont assez persistants et se conservent très-bien sur les exemplaires secs ; seulement il est rare de trouver des fleurs pourvues de leurs six pétales ; leur longueur dépasse 1 1/2 mill., et leur largeur est un peu moindre; l'onglet est très-court, mais cependant visible. L'ovaire est long de 1 mill. Le style, y compris la hauteur du stigmate, égale environ 1 mill. Le diamètre du stigmate est de 1/2 mill. La capsule est longue de 2 3/4 mill. et large de 1. 5/6 mill. La graine est longue de 5/7 mill. et large de 4/7 mill.

Ces quatre espèces présentent une affinité évidente et sont très-semblables de port et d'aspect ;

cependant les différences qui les séparent sont assez nettes pour qu'on puisse toujours les distinguer facilement.

Le *P. Portula* a pour caractères distinctifs un calice à tube court et évasé, dépassé par la capsule qui n'étant pas protégée par cette enveloppe se déchire très-promptement; un pédicelle très-court; des pétales presque toujours nuls; des anthères rougeâtres; un ovaire très-brièvement hispidule; un style très-court; un stigmate muni de très-petites papilles; une capsule arrondie; des feuilles toutes opposées, spatulées, rétrécies en pétiole à la base.

Le *P. Boræi* a le tube du calice aussi long que large; le pédicelle très-visible; les pétales rarement nuls; les filets des étamines purpurins au sommet; les anthères jaunâtres, atteignant le sommet du tube; l'ovaire hérissé de longs poils; le style assez long; le stigmate muni de papilles allongées; la capsule arrondie, non saillante; les feuilles toutes alternes, point très-obtuses; la tige florifère dès la base. Toute la plante est finement hispidule.

Le *P. Timeroyi* se distingue très-bien du *P. Boræi* par son calice fructifère plus allongé, à tube manifestement plus long que large, et par le curieux caractère des dents qui se referment sur le tube aussitôt après l'anthèse, et qui sont (les extérieures surtout) bien plus allongées. Le pédicelle est très-court comme dans le *P. Portula*. Les pétales sont plus petits que dans le *P. Borœi* et manquent plus souvent. Les filets des étamines sont blanchâtres au sommet ; les anthères sont jaunâtres et n'atteignent qu'aux trois quarts du tube. L'ovaire est hérissé de poils assez longs. Le style est très-court comme dans le *P. Portula*, et le stigmate est petit et muni pareillement de papilles très-courtes. La capsule est ovale - elliptique, non saillante. Les feuilles sont toutes alternes, exactement comme dans le *P. Borœi*, mais bien plus obtuses et plus arrondies au sommet. La tige est, comme dans ce dernier, très-ramifiée et florifère presque dès la base, mais moins hispidule.

Dans le *P. nummularifolia*, le tube du calice est régulièrement campanulé, un peu plus long que large. Le pédicelle est assez long. Les étamines n'égalent pas tout-à-fait le tube. Le style est allongé, peu ferme. Le stigmate est assez large, muni de longues papilles. La capsule est elliptique, très-peu saillante. Les feuilles sont obovées-elliptiques, assez semblables par la forme à celles du *P. Timeroyi*, mais cependant moins élargies du haut et moins rétrécies du bas, généralement plus grandes, toutes opposées, ou seulement les supérieures un peu alternes. Ce caractère le distingue très-bien, au premier coup-d'œil, soit du *P. Borœi*, soit du *P. Timeroyi*. Par son pédicelle, son style et son stigmate, il s'éloigne davantage du *P. Timeroyi* et montre plus

d'affinité avec le *P. Borœi ;* mais la forme de sa capsule et de ses feuilles l'éloigne beaucoup de ce
dernier. Ses graines dépassent un peu en grosseur
celles de ces deux espèces, et sont hérissées de poils
plus courts. Elles sont pâles comme celles du *P.
Portula* mais moins aiguës vers le point d'attache. Dans les *P. Timeroyi* et *Borœi* les graines sont
également brunes, mais celles de cette dernière espèce paraissent un peu moins oblongues, plus obovées et plus longuement hispides à l'état jeune. Le
P. Portula les a plus pâles, très-obovées et un peu
plus aiguës vers le point d'attache. Ces différences
sont très-légères, et si l'on n'y regarde pas de très-
près, on pourrait croire les graines de ces diverses
espèces identiques, mais il n'en est rien, et il est
bon de constater qu'elles diffèrent, lors même qu'on
ne peut pas tirer un grand parti de ces différences
pour la détermination des espèces.

Le genre *Peplis* ne renferme jusqu'à présent
qu'un petit nombre d'espèces parmi lesquelles je
citerai le *P. borysthenica* Bess., qui me paraît intermédiaire entre le *P. Portula* et le *P. Borœi*, et bien
caractérisé. M. Trautvetter a publié dans le Flora
oder bot. Zeitung. vol. 25, p. 494, une note sur cette
espèce dans laquelle il indique les caractères qui la séparent des *Ammania* auxquels elle a été réunie dans
le Prodromus de De Candolle, et propose d'en faire
un genre distinct, sous le nom de *Middendorfia*, qui

se distinguerait du genre *Peplis* uniquement par la
déhiscence septicide et à 4 valves de la capsule.
Mais il n'a pas pris garde que dans le *P. Portula*
la déhiscence septifrage de la capsule est acciden-
telle et non pas normale, et qu'ainsi elle ne peut servir de caractère pour distinguer deux genres dans
les *Peplis*. Je pense donc que le genre qu'il propose est inutile, et qu'il faut laisser dans les *Peplis*
toutes les espèces dont la déhiscence est plus ou
moins évidemment septicide, et qui ont un calice
campanulé à 12 divisions.

Explication de la cinquième planche.

Fig. A. PEPLIS PORTULA L.

1. La plante entière de grandeur naturelle.
2. Fleur grossie.
3. Coupe de la fleur, pour montrer son intérieur.
4. Étamine grossie.
5. Ovaire avec le style grossi.
6. Style et stigmates grossis.
7. Capsule grossie.
8. Cloison placentérienne.
9. Coupe transversale de la capsule.
10. Ovaire grossi.
11. Graine grossie.
12. Cotylédons de l'embryon germant grossis.
13. Feuille de grandeur naturelle.

Fig B. PEPLIS BOROEI (Guépin).

1. La plante entière de grandeur naturelle.
2. Fleur grossie.
3. Coupe de la fleur, pour montrer son intérieur.
4. Pétale grossi.
5. Étamine grossie.
6. Ovaire avec le style grossi.
7. Style et stigmate grossis.
8. Capsule grossie.
9. Cloison placentérienne.
10. Coupe transversale de la capsule.
11. Ovaire grossi.
12. Graine grossie.
13. Feuille de grandeur naturelle.

Fig. C. PEPLIS TIMEROYI (N.).

1. La plante entière de grandeur naturelle.
2. Fleur grossie.
3. Coupe de la fleur, pour montrer son intérieur.
4. Pétale grossi.
5. Étamine grossie.
6. Ovaire avec le style grossi.
7. Style et stigmate grossis.
8. Capsule grossie.
9. Cloison placentérienne.
10. Capsule ouverte en quatre valves, au sommet.
11. Coupe transversale de la capsule.
12. Ovaire grossi.

13. Graine grossie.
14. Cotylédons de l'embryon germant grossis.
15. Feuille de grandeur naturelle.
16. Jeune plante pourvue de ses cotylédons.

Fig. D. PEPLIS NUMMULARIFOLIA (Lois.).

1 à 13. Les mêmes organes qu'aux numéros correspondants de la fig. B.

GENRE GALIUM.

Le genre *Galium* mérite bien d'être compté parmi les genres les plus naturels et par conséquent les plus difficiles. Les espèces qu'il renferme sont si voisines qu'on éprouve beaucoup de peine à leur assigner leurs limites, et que plusieurs d'entre elles, surtout celles de la section des *G. Mollugo* L. et *sylvestre* Poll., ont fait souvent le désespoir de botanistes très-habiles. Désirant me livrer d'une manière particulière à l'étude de ce joli genre qui n'a encore été, que je sache, l'objet d'aucun travail monographique, surtout en France, j'ai pensé qu'il fallait prendre pour base principale d'une pareille étude l'expérimentation de la culture. Depuis longtemps j'ai cherché à réunir dans mon jardin toutes les formes de *Galium* que j'ai pu découvrir dans mes excursions, et j'en ai reproduit de semis un grand nombre. Par là j'ai été amené à reconnaître qu'il n'y avait pas dans ce genre, comme on l'a supposé gratuitement, des espèces variables et polymorphes de leur nature, mais une série d'espèces très-voisines et très-constantes que peut distinguer facilement, au premier coup-d'œil, celui qui les observe vivantes avec un esprit libre de toute opinion préconçue et après avoir fait d'abord une étude attentive et mé-

thodique de tous les organes. Plusieurs botanistes ont cru qu'il suffisait pour résoudre les difficul-
tés que présentent certains genres très-naturels
d'admettre un petit nombre d'espèces auxquelles
serait attribuée la faculté de varier à un suprême
degré. C'est là, en effet, un moyen très-commode
qui abrége le travail et dispense de tout examen.
On admet *à priori*, comme un point démontré pré-
cisément ce qui doit être mis en question et ne peut
être résolu que par l'expérience. Dans les questions de
faits, il convient de partir d'abord de l'expérience et
des faits. Si le point de départ est une hypothèse, les
résultats obtenus n'auront jamais qu'une valeur d'hypothèse, et ne pourront satisfaire le véritable ami de la
science, l'observateur sincère qui interroge la nature
sans se préoccuper avant tout de l'avantage d'un
système et dont les patientes recherches n'ont
qu'un but, la vérité sur les êtres, sur les caractères qui les distinguent et les liens secrets qui les
unissent. J'ai donc pensé qu'il fallait, en commençant l'étude des *Galium* comme celle des *Viola* ou de
tout autre genre analogue, rejeter d'abord ou seulement tenir provisoirement pour douteuse, toute
opinion qui n'est qu'une simple opinion et ne re-
pose pas sur des preuves de fait, de quelque grande
autorité qu'elle émane, et prendre l'expérience pour
seul guide. Par l'observation des plantes dans leur
lieu natal, j'ai reconnu en visitant diverses régions

de la France que les mêmes formes pouvaient exister dans des stations ou des climats différents sans
éprouver de changements notables , que plusieurs
de celles qu'on serait le plus porté à confondre
croissaient souvent réunies dans un même lieu et
d'autres fois tout-à-fait isolées. Par la culture, j'ai
pu me convaincre que des espèces telles que les
G. *sylvestre*, Poll. , *tenue* Vill., *anisophyllum* Vill ,
et plusieurs autres, se reproduisaient constamment de leurs graines sans être modifiées et sans
varier autant que beaucoup d'autres plantes qu'on
ne regarde pas comme variables. Par l'étude et
l'emploi logique des caractères, j'ai été amené à
distinguer, sur le sec et sans hésitation, des espèces
que je n'ai pas encore soumises à la culture, mais
qui diffèrent de celles que j'ai cultivées et que je
crois bien connaître par des caractères absolument
analogues à ceux qui séparent ces dernières.

Telle est la méthode que j'ai cru devoir suivre ,
qui n'est autre chose que la méthode d'observation à laquelle les sciences physiques ont dû tous
leurs progrès appliquée à l'étude des espèces végétales. Des erreurs de fait dans lesquelles on ne peut
manquer de tomber quelquefois ne prouveraient
rien contre elle. Comme je suis encore très-loin
d'avoir réuni tous les matériaux nécessaires pour un
travail complet sur le genre *Galium*, et qu'il reste
encore beaucoup de points obscurs que je ne suis

pas en mesure d'éclaircir, je veux me borner ici à
une revue détaillée de nos espèces critiques, afin
d'indiquer les caractères les plus saillants de plusieurs d'entre elles et de réhabiliter quelques-unes
des espèces de notre grand Villars, qui, selon moi,
ont été à tort négligées ou confondues malgré ses
excellentes descriptions. Je veux aussi faire connaître plusieurs espèces qui n'ont pas encore été signalées, et entr'autres un curieux petit *Galium* qui est
intermédiaire par ses caractères entre ceux de la
section *Aspera* Moench et ceux de la section *Euapa-*
rine D. C., et me paraît entièrement nouveau pour
la science. Plus tard, je reviendrai sur toutes les espèces nouvelles ou litigieuses que je possède vivantes pour la plupart, pour compléter leur histoire et
en donner la figure.

En commençant par les espèces de la section
Eugalium D. C., je trouve en premier lieu les *G. syl-*
vaticum L. et *lævigatum* L., deux espèces certainement bien tranchées, si l'on considère seulement
les types de l'une et de l'autre, mais auxquelles on
rapporte des formes intermédiaires qui paraissant
tenir des deux, rendent leurs caractères douteux.
Le *G. sylvaticum* est caractérisé par sa corolle à lobes aigus ; ses feuilles elliptiques, obtuses, mucronées ; ses pédicelles inclinés avant la floraison, puis
dressés-étalés à la maturité. Le *G. lævigatum* L. Villars-
linifolium Lam. a les lobes de la corolle acuminés,

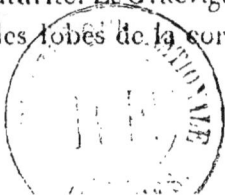

7

les pédicelles toujours dressés , les feuilles étroites allongées rétrécies et acuminées vers le haut, et les fruits plus petits que dans le *sylvaticum*. Mais maintenant, le *G. sylvaticum* des plaines, celui que j'ai récolté aux environs de Lyon dans plusieurs localités et que j'ai reçu du nord de la France, a les feuilles assez courtes , rétrécies à la base , très-peu glauques , ordinairement vertes en dessus et glauques seulement en dessous ; tandis que le *G. sylvaticum* des montagnes calcaires du Jura et du Bugey a les feuilles plus larges et plus longues, très-glauques pruineuses ainsi que la tige qui est plus ferme, plus élevée, et arrondie sans angles, même à la base; ses corolles ont les lobes plus obtus, et ses fruits sont plus gros. Un troisième *sylvaticum* que j'ai récolté au pic de Lhiéris, près Bagnères de Bigorre (Hautes-Pyrénées), se distingue encore par ses feuilles très-allongées, assez régulièrement oblongues, devenant un peu noirâtres par la dessiccation, et surtout par ses pédicelles fructifères divariqués. Un quatrième qui est, je crois, le *G. atrovirens* Lap., et qui devient noirâtre comme la plante du pic de Lhiéris, en diffère par ses feuilles bien plus petites et sa panicule à rameaux dressés. Je l'ai récolté dans la vallée d'Aspe (Basses-Pyrénées). On a rapporté le *G atrovirens* Lap. au *G. lævigatum* L.--*linifolium* Lam ; mais, à mon avis, la forme des feuilles exclut ce rapprochement, car elles sont dans la plante des

Pyrénées, obtuses, mucronées, comme dans le vrai *G. sylvaticum*, et quoique assez étroites, toujours moins atténuées au sommet que dans le *lœvigatum* L.; elles sont aussi fortement serrulées sur les bords, ce qui est du reste un caractère peu important, toutes les espèces offrant le plus ou le moins à cet égard.

Ces quatre formes de plantes que je viens d'indiquer sont-elles réellement différentes les unes des autres? N'y a-t-il qu'une seule espèce, ou doit-on en admettre plusieurs? Ce sont-là des questions que je ne me propose pas de résoudre en ce moment, et sur lesquelles je me contente d'appeler l'attention des observateurs. Je ferai remarquer seulement que nos auteurs n'ont parlé que d'une seule variété du *G. sylvaticum*, qui a les feuilles et la tige pubescentes; laquelle n'est pour moi qu'une simple variation, car j'ai rencontré, parmi des individus très-glabres du *G. sylvaticum* des bois de la plaine, d'autres individus tout velus sur la tige et sur les feuilles, et d'autres velus seulement sur une partie de la tige et très-glabres sur tout le reste de la plante.

Le *G. lœvigatum* L. présente deux formes très-remarquables qui méritent aussi de fixer l'attention. La première, qui est le véritable *lœvigatum* Vill. Dauph. 2, p. 327, — *linifolium* Lam. Dict. enc., p. 578, a la tige arrondie très-peu anguleuse, les feuilles très-allongées verticillées par 8-11, et la panicule peu

ample et dressée. La seconde, qui est le *G. aristatum*
Gaud. Fl. helv. 1, p. 422, a la tige véritablement
quadrangulaire, à quatre angles assez saillants ; les
feuilles courtes, verticillées par 7-8; la panicule très-
ample, à rameaux divariqués. La première forme
n'est point rare dans les bois élevés des montagnes
du Dauphiné et de la Provence, et je l'ai récoltée
dans un très-grand nombre de localités de cette région. Il me paraît impossible de douter que ce ne
soit le véritable *lœvigatum* Vill., quoique l'illustre
auteur du Syn. fl. germ. soutienne l'opinion contraire et rapporte la plante de Villars au *G. sylvaticum* L. Il se fonde surtout sur ce que Villars dit
de son *lœvigatum* qu'il a les feuilles tendres, un peu
ovales, obtuses; mais Villars s'exprimant ainsi :
*feuilles tendres, linéaires, un peu ovales, lancéolées,
obtuses*, a voulu sans doute indiquer les changements de forme que présentent les feuilles dans les
diverses parties de la plante, puisqu'il ajoute que les
feuilles du bas de la tige sont plus petites et plus
obtuses que celles du milieu. Si ce qu'il dit des
feuilles n'est pas très-clair, toute ambiguïté cesse
quand il décrit la corolle dont les segments, dit-il,
*sont terminés par un filet plus grand que celui des
fleurs du Caille-lait blanc et moins que ceux du G.
obliquum*. Il est clair qu'il ne peut être ici question
du *G. sylvaticum* L. qui n'a jamais les lobes de la
corolle aristés. Au reste dans les diverses localités

citées par Villars, on ne trouve pas d'autre espèce que le G. *lævigatum* L.

La description du G. *aristatum* L. donnée dans le Sp. pl., p. 152, ne convient pas à cette plante, Linné lui attribuant une tige diffuse, et des feuilles quaternées lancéolées. Plus tard, il est vrai, dans le Syst. nat. 2, p. 118, Linné a réuni son G. *lævigatum* à l'*aristatum*, mais comme le *lævigatum* du Sp. pl., p. 1667, a évidemment la priorité sur l'*aristatum* du Syn. nat., ce nom doit être conservé.

La seconde forme du G. *lævigatum* vient en Suisse, et parait au premier aspect assez distincte de la première ; mais les exemplaires que je possède des environs de Grenoble et du Piémont me semblent intermédiaires entre ceux des Hautes et Basses-Alpes et ceux de la Suisse ; et je crois que la question ne pourra être résolue que par la culture de ces plantes et leur étude sur le frais. Je passe au G. *Mollugo* L., et aux espèces du même groupe.

On désigne généralement sous le nom de G. *Mollugo* une plante très-commune dans les prés, les bois et les haies, qui devrait être par conséquent bien connue. Il n'est pourtant pas aisé de se faire une idée très-nette de cette plante, d'après les descriptions des auteurs. Dans presque toutes les localités que j'ai parcourues, soit aux environs de Lyon, soit sur d'autres points de la France, j'ai rencontré communément deux plantes qui semblent se rap-

porter toutes deux au *G. Mollugo* de nos auteurs,
et qui cependant sont si distinctes, si tranchées,
pour des espèces appartenant à un genre très-naturel, que je ne pense pas qu'on doive les regarder
comme très-voisines. Elles ont été à la vérité distinguées par plusieurs auteurs, mais elles sont encore
considérées comme appartenant à un même type
par le plus grand nombre, et je ne les ai trouvées
bien décrites nulle part. Les auteurs qui les ont
distinguées ne me paraissent pas d'accord, et la
plante que les uns ont séparée du *G Mollugo* L. est
pour d'autres, au contraire, le véritable *Mollugo*,
de sorte que j'ignore à laquelle de ces deux espèces
ce nom doit appartenir d'une manière certaine.
L'une est pour moi le *G. elatum* Thuil. Fl. par., p.
76. — *sylvaticum* Vill. Hist. pl. Dauph. 2, p. 347, et
l'autre le *G. erectum* Huds. Angl. 68. — *album*
Vill. Hist. pl. Dauph. 2, p. 348. En méditant les
descriptions de nos bons auteurs tels que Linné,
Lamarck, De Candolle, Gaudin, Koch, etc., et les
figures citées, je demeure convaincu que le *G. elatum* Thuil. — *sylvaticum* Vill. est la plante qu'ils ont
prise principalement pour le *G. Mollugo;* mais presque tous disent qu'il fleurit de mai en août, tandis
que jamais le *G. elatum* Thuil. ne commence à
fleurir avant les premiers jours de juillet, ce qui
prouve qu'il y a eu confusion des deux espèces. En
outre, la plante connue vulgairement en France

sous le nom de *Caille-lait blanc*, le *G. Mollugo vulgare herbariorum*, est évidemment celle dont les fleurs sont d'un blanc pur, qui est si commune dans les prairies, les pâturages et tous les lieux secs, et qui commence à fleurir dès le milieu de mai, le vrai *G. erectum* Huds. selon moi. D'après cet état de la question, je pense qu'on peut laisser de côté le nom de *G. Mollugo*. Mais ce qui est plus important que le nom, ce sont les caractères de ces deux espèces que je vais indiquer d'une manière détaillée.

GALIUM ELATUM. Thuil.

Fleurs d'un blanc sale, petites, extrêmement nombreuses, disposées en panicule très-ample; à rameaux allongés, souvent divisés, très-étalés, divariqués à angle droit, les inférieurs un peu déjetés. Pédicelles fructifères assez courts et très-divariqués. Corolle à lobes apiculés, étalés. Anthères ovales. Styles libres, rarement un peu adhérents vers la base. Fruit petit, rond et chagriné. Feuilles verticillées par 6 ou 8, de largeur variable, assez courtes, obovales ou oblongues-obovales, obtuses, mucronées, à nervure dorsale faible un peu saillante, munies sur les bords de petits aiguillons étalés, d'un beau vert, opaques, minces, transparentes, à veines très-visibles. Tige très-élevée, faible, se soutenant à peine parmi les buissons, tout-à-fait tombante et couchée à l'air libre, quadrangulaire, lisse, rarement velue, plus

ou moins renflée aux articulations, très-rameuse, à
rameaux divariqués. Souche grêle, rameuse, radicante, à fibres de couleur rougeâtre. Plante de 10
à 15 décimètres. Elle fleurit en juillet et août, et
croît partout dans les haies, parmi les bois.

GALIUM ERECTUM Huds.

Fleurs d'un blanc de lait, assez grandes, disposées
en panicule de forme pyramidale-oblongue, à rameaux peu divisés, plus ou moins dressés, les inférieurs seulement étalés à angle droit. Pédicelles fructifères dressés-étalés. Corolle à lobes terminés en
pointe assez longue, très-étalés, renversés après l'anthèse. Styles adhérents depuis la base jusqu'au milieu.
Stigmates blancs. Anthères oblongues. Fruit d'un
brun roux, assez gros, arrondi, peu chagriné. Feuilles
verticillées par 8, de largeur variable, assez longues, oblongues ou linéaires, élargies au sommet,
un peu aiguës, mucronées, à nervure dorsale forte
et très-saillante dans la partie inférieure, munies
sur les bords de petits aiguillons peu nombreux,
très-courts, dressés-étalés; d'un beau vert, plus ou
moins luisantes, un peu épaisses, non transparentes.
Tige dressée, quadrangulaire, lisse, rarement velue,
ordinairement assez renflée et blanchâtre au-dessus
de chaque articulation, simple ou rameuse, à rameaux toujours dressés ou couchés et ascendants
seulement dans leur partie inférieure. Souche assez

grêle, rameuse, radicante, subcespiteuse. Plante de
3 à 6 décimètres. Elle fleurit depuis le milieu de mai
jusque vers la fin de juin, et souvent encore une
seconde fois en septembre, lorsque les tiges ont
été coupées.

Les différences qui séparent ces deux espèces sont
si tranchées et si nombreuses qu'elles me paraissent
faciles à distinguer dans tous les états et à tous les
âges, même sur le sec et sur de simples fragments.
En effet, le *G. elatum* a la panicule bien plus ample et plus composée, les fleurs de moitié plus petites, souvent jaunâtres, rarement très-blanches,
de beaucoup plus nombreuses, à pédicelles fructifères toujours très-divariqués et même réfléchis. Ses
fruits sont de la moitié ou d'un bon tiers plus petits.
Ses feuilles quoique très-variables de grandeur sont
néanmoins très-faciles à reconnaître, étant toujours
obtuses, plus courtes relativement à leur largeur,
à nervure dorsale de beaucoup plus faible, toujours
minces, transparentes, veinuleuses, souvent tout-
à-fait pellucideslorsque la plante a cru dans des lieux
très-ombragés. Sa tige est plus épaisse et s'élève bien
davantage, mais elle est très-faible et ne se dresse
jamais, ainsi que j'ai pu m'en assurer en la culti-
vant dans un lieu découvert à côté du *G. erectum*
et en la reproduisant de semis en quantité.

Le *G. erectum* est remarquable par ses fleurs toujours très-blanches, sa panicule à rameaux supé-

rieurs dressés-étalés, et ses pédicelles fructifères assez longs, dressés et jamais divariqués à angle droit.
Les feuilles sont généralement luisantes, toujours
plus longues et moins larges relativement que dans
l'*elatum*, jamais transparentes et veinuleuses à l'état
frais. Ses tiges s'inclinent souvent vers la base,
surtout quand elles repoussent après avoir été coupées, mais toutes leurs ramifications se redressent
et montent très-droit, ce qui n'a jamais lieu dans
l'autre espèce. Enfin l'époque de la floraison est différente et très-constante; j'ai toujours vu, soit dans
mon jardin, soit dans les lieux où j'ai observé ces
deux espèces croissant à côté l'une de l'autre, que
l'*erectum* était déjà complètement fructifié et à fruits
mûrs lorsque l'*elatum* commençait seulement à
fleurir.

Ces deux espèces, comme toutes les plantes très-
communes, sont sujettes à varier et à se modifier
plus ou moins suivant le lieu qu'elles habitent.
Ainsi le *G. elatum* dans les lieux très-ombragés et
particulièrement dans les forêts des montagnes,
présente souvent une panicule grêle très-appauvrie,
et ses feuilles deviennent tout-à-fait papyracées et
très-larges; c'est alors, à ce qu'il me parait, le *G.
insubricum* Gaud. Fl. helv. 1, p. 421. Le *G. erectum* offre une tige assez élevée, très-renflée vers les
articulations quand il croît dans les lieux gras et
le long des haies, mais dans les lieux secs, sur les

murs et les rochers, il est plus petit et plus rigide. Ses feuilles deviennent quelquefois très-étroites et très-luisantes, surtout dans les lieux secs des terrains primitifs. Sous cette forme, c'est le *G. rigidum* Vill., le *G. lucidum* de beaucoup d'auteurs, mais non pas celui d'Allioni.

Koch, dans son Syn. fl. germ., éd. 2, p. 365, me paraît avoir confondu dans son *G. Mollugo* les *G. elatum* et *erectum*, et décrit en outre comme espèce distincte, sous le nom de *G. insubricum* Gaud., une simple variation du *G. elatum*, et sous le nom de *G. lucidum* All., une variation du *G. erectum.* Il rapporte en variété à son *G. lucidum.* le *G. cinereum* All., espèce très-différente à mon avis, et ne considère le *G. corrudæfolium* Vill que comme une modification de son *lucidum* à feuilles très-étroites et enroulées par la dessiccation. Si ce savant auteur avait observé vivante l'espèce de Villars, il n'aurait pas commis une pareille erreur, car il aurait très-bien vu que dans cette espèce qui est sans contredit une des mieux caractérisées de tout ce groupe, les feuilles ne sont pas de nature à pouvoir être enroulées, étant très-épaisses et tout-à-fait subulées. Elles ont cela de remarquable que leur nervure dorsale quoique très-large et occupant souvent plus de la moitié du limbe n'est point saillante, mais déprimée, de sorte que le limbe paraît un peu relevé en dessous sur les bords à l'état frais, et quand la feuille

est sèche, il se forme un petit sillon entre le bord
du limbe et la nervure, ce qui fait qu'en l'examinant dans cet état, on croirait avoir sous les yeux
une feuille enroulée par la dessiccation, tandis qu'il
n'en est rien. Ce caractère si remarquable de la
nervure des feuilles très-large et déprimée peut
suffire à lui seul pour distinguer aisément le *G. corrudæfolium* Vill. des variations du *G. erectum* Huds.
à feuilles les plus étroites; mais il est encore d'autres
caractères non moins importants qui séparent nettement ces deux espèces. Ces caractères sont, en premier lieu, la forme de la panicule qui est oblongue
très-étroite et souvent presque unilatérale, les rameaux étant pour la plupart dirigés du même côté,
surtout à la maturité. Cette forme est caractéristique
et très-constante ; elle se conserve d'une manière
aussi marquée sur des exemplaires obtenus de semis
dans le sol fertile d'un jardin, que sur ceux qui croissent parmi des rochers arides et dans les lieux secs
et brûlants des provinces du midi de la France, où
cette plante est commune. En second lieu, la souche
du *G. corrudæfolium* s'éloigne complètement de celle
du *G. erectum.* Elle est dure, épaisse, très-compacte,
et devient avec l'âge tout-à-fait ligneuse ; elle produit un grand nombre de tiges dressées, souvent
un peu arquées et contournées aux articulations,
mais très-raides. En troisième lieu, les fruits sont
noirs à la maturité. Les feuilles sont verticillées par

6 et non par 8 , plus courtes, plus raides, la plupart dressées et courbées en dessus , de forme exactement linéaire, point élargies au sommet , terminées par une pointe très-courte, d'un vert sombre, très-luisantes, à éclat très-intense, devenant grisâtres ou noirâtres par la dessication. Les fleurs sont presque aussi grandes, mais d'un blanc moins pur, ayant les lobes elliptiques-oblongs, terminés par une pointe un peu épaisse obtusiuscule. Les stigmates sont arrondis-réniformes, de couleur verdâtre et non blanche.

Le *G. corrudæfolium* Vill. Prosp. de l'hist. d. pl. Daup. p. 20, est considéré généralement comme étant la même plante que le *G. tenuifolium* All. Fl. ped. n° 23, tandis qu'on le sépare soit comme espèce, soit comme variété, du *G. lucidum* All. J'ai lieu de croire cependant que ces rapprochements ne sont pas exacts, et que le *G. tenuifolium* All. est une plante différente du *G. corrudæfolium* Vill., tandis que le *G. lucidum* All. est synonyme de ce dernier. Lorsque l'on connaît déjà les vrais caractères d'une plante, et que l'on vient à lire la description qu'en ont donnée des auteurs exacts et consciencieux, tels que Villars et Allioni, qui n'ont indiqué que ce qu'ils ont vu par eux-mêmes, on est à peu près certain d'y retrouver, en totalité ou en partie, les notes essentielles qui la distinguent. Ainsi, pour ce qui est du *G. lucidum*, Allioni, Fl. ped.

p. 5, n° 21, lui attribue des feuilles verticillées par 6, très-épaisses, subulées, courbées en-dessus : *folia sena, deindè quina aut quaterna, semi-teretia, subulata, sursùm incurva*, et des fruits noirs ; il ajoute aussi *foliis obscurè virentibus*, et dit de son *G. cinereum*, pour le distinguer de son *lucidum*, *lucidè viret sed non tamen intenso atque obscuro virore*. Il est clair que ces divers caractères s'appliquent exactement au *G. corrudæfolium* tel que je viens de le décrire, et ne conviennent en aucune façon au *G. erectum* dont les feuilles sont verticillées par 8, et jamais *semi-teretia subulata*, et dont les fruits sont bruns à la maturité. Le *G. tenuifolium* All. Fl. ped. p. 6, n° 23, qui est *diffusè ramosum*, et dont les feuilles *radiatim utique exstant, verè rigida non sunt, mollia, flexilia, nitida sed non splendentia*, paraît une plante différente qui appartient probablement au groupe dont le *G. sylvestre* Poll. est le type, lequel n'est représenté dans l'ouvage d'Allioni que par le *G. Bocconi*, forme alpine qu'il indique au Mont-Cenis. La figure du *G. lucidum*, Fl. ped. t. 77, f. 2, quoique assez grossière, correspond évidemment au *G. corrudæfolium*. Elle présente des tiges un peu contournées, des feuilles verticillées par 6, les raméales dressées, toutes exactement linéaires, non élargies au sommet, terminées par une pointe très-courte. Allioni, d'ailleurs, indique sa plante comme étant très-commune partout, dans

les lieux secs et les rocailles, aux alentours de Nice,
où je n'ai vu en effet que le *G. corrudœfolium* qui
y croît en quantité, comme dans toute la partie
chaude et calcaire de la Provence. Le nom de Villars étant le plus ancien doit être conservé. J'ai observé sa plante dans les lieux qu'il indique, sur les
collines, le long du Rhône, à Lyon, Crémieu, etc.
Elle ne s'avance pas plus au nord, mais devient
commune à mesure qu'on descend la vallée du
Rhône et qu'on s'approche de la région méditer-
ranéenne, où elle est vulgaire partout.

J'arrive à une quatrième espèce, voisine des précédentes, mais très-bien caractérisée. Cette espèce
que j'ai récoltée sur les collines du département du
Var, aux environs de Toulon, d'Hyères, du Luc, etc.,
me parait être le véritable *G. cinereum* All. Fl.
ped. n° 22, t. 77, f. 4, et en même temps le *G. pallidum* Presl. — Guss. Syn. fl. sic. 1, p. 124. Elle est
remarquable par une belle couleur glauque très-
prononcée, qui lui donne une certaine ressemblance
avec l'*Asperula galioides* M. B., dont elle s'éloigne
d'ailleurs par des caractères bien tranchés. Ses fleurs
sont nombreuses, très-blanches, disposées en panicule ovale ou ovale-oblongue, à rameaux presque tous
dressés-étalés. Les rameaux partiels se terminent par
de petites corymbes de fleurs assez denses. Les lobes
de la corolle sont aristés. Les fruits sont gros, d'un
gris blanchâtre, rembrunis à la parfaite maturité. Les

feuilles sont pour la plupart verticillées par 6, oblongues-linéaires, rétrécies insensiblement vers la base,
terminées par une fine arête, à nervure dorsale peu
épaisse et saillante, munies sur les bords de petits aiguillons très-aigus dressés à base élargie, qui font paraître la feuille comme dentée en scie, d'un vert glauque, de consistance peu épaisse et très-glabres. Les
tiges sont tétragones, très-lisses, d'un gris blanchâtre,
très-blanches et renflées au-dessus des articulations;
les stériles nombreuses et diffuses, assez grêles; les
florifères dressées, un peu flexueuses, plus ou moins
ascendantes à la base, à rameaux inférieurs étalés à
angle droit. La souche tient le milieu entre celle du
G. erectum Huds. et celle du *G. corrudæfolium* Vill.
Elle est assez ramifiée, un peu radicante, bien plus
ligneuse que celle du premier, mais moins forte et
moins compacte que celle du second. Toute la plante
est très-glabre. Je rapporte cette espèce au *G. cinereum* All., parce que la description donnée par Allioni me paraît lui convenir, ainsi que la figure citée.
Je ne connais d'ailleurs aucune autre plante du midi
de la France qui soit pourvue de cette couleur glauque prononcée sur laquelle cet auteur insiste, puisqu'il compare sa plante au *G. glaucum* — *Asperula
galioides* M. B., et dit que ce dernier n'a pas les
feuilles étalées comme elle, qu'il les a plus longues,
plus obtuses, et non *serrato-aculeata*. Il dit en outre
du *G. cinereum* qu'il a les feuilles *in fine ampliora et*

albá notabili spiná prædita. Il lui attribue des fruits
blanchâtres, *albescentia*; ce que j'observe également
dans mes échantillons ; mais Gussone, dans la description du *G. pallidum* Presl, dit que les fruits deviennent à la fin noirs. Il reste donc à les observer
très-mûrs et très-sains, afin de voir s'ils prennent
réellement cette couleur, ce qui me paraît probable. Quoi qu'il en soit, la plante que je signale est
incontestablement une belle et bonne espèce qui
paraît fort peu connue des Botanistes français. Elle
s'éloigne du *G. erectum* par sa couleur glauque,
l'aspect de sa panicule, ses feuilles plus aristées, ses
tiges diffuses, et sa souche un peu ligneuse. Elle est
également très-distincte du *G. corrudæfolium*, avec
lequel elle croît souvent pêle-mêle. Je vais résumer
les caractères de ces deux espèces.

Galium corrudæfolium Vill.

Panicule étroite, oblongue-linéaire, à la fin unilatérale, à rameaux dressés. Corolle blanchâtre, à
lobes très-étalés, mucronés. Fruit noir, chagriné,
assez gros. Feuilles verticillées par 6, courtes, raides,
ordinairement dressées, un peu courbées en-dessus,
exactement linéaires, épaisses, subulées, à nervure
dorsale très-large et déprimée, terminées par une
pointe courte, faiblement serrulées sur les bords,
d'un vert très-foncé, un peu noirâtres par la dessic-

8

cation, glabres et très-luisantes. Tiges quadrangulaires, nombreuses, dressées, souvent arquées ou
contournées vers la base et aux articulations, très-
rigides, lisses ou couvertes inférieurement d'une pubescence poudreuse très-fine. Souche ligneuse, très-
compacte. Plante de 3 à 5 décim., très-luisante et
d'un vert sombre.

Il habite les lieux secs, les pâturages des collines,
et les rochers des terrains calcaires, dans le midi de
la France. Il fleurit en juin.

Galium cinereum All.

Panicule ovale-oblongue, à rameaux dressés-étalés, à fleurs disposées en cymes corymbiformes assez
serrées. Corolle très-blanche, à lobes très-étalés,
mucronés. Fruit grisâtre, à la fin rembruni, presque
lisse, assez gros. Feuilles verticillées par 6, étalées,
linéaires ou linéaires-oblongues, rétrécies insensiblement vers la base, peu épaisses, à nervure dorsale
étroite et saillante, terminées par une fine arête,
garnies sur les bords d'aiguillons dressés très-aigus,
d'un vert glauque sur les deux faces, peu luisantes
et très-glabres. Tiges quadrangulaires, assez nombreuses; les stériles courtes, étalées, diffuses; les florifères dressées, ascendantes à la base, souvent
flexueuses, très-glabres, glauques, blanches aux articulations. Souche presque ligneuse, subcespiteuse

ou à rhizômes un peu traçants. Plante de 3 à 4
décim., d'un vert glauque, à panicule de forme élégante.

Il habite les lieux secs et rocailleux des terrains
calcaires, aux environs de Toulon et du Luc (Var),
et des terrains primitifs à Hyères et à Bormes (Var),
et en Corse. Je l'ai récolté dans ces diverses localités. Il fleurit en juin.

Dans les terrains primitifs, le *G. cinereum* est généralement plus grêle et ses feuilles sont plus étroites
que dans les terrains calcaires. Le *G. erectum* se
modifie d'une manière analogue, car c'est surtout
dans les lieux secs des terrains primitifs et sur les
rochers des Alpes que l'on en trouve des formes à
feuilles luisantes et très-étroites. J'ai cependant récolté au Col du Lautaret, sur les schistes de la région alpine, une forme très-curieuse de ce dernier,
à feuilles opaques assez larges et d'un vert jaunâtre, à panicule très-étroite, et à fleurs très-grandes.

J'ai reçu de Grèce, de M. Spruner, sous le nom
de *G. apiculatum* Smith, et de M. Boissier, sous le
nom de *G. ochroleucum* Kit. var. *australis* et var.
minor, une plante qui me paraît très-voisine des
G. corrudæfolium Vill. et *cinereum* All., mais cependant bien distincte. La panicule se rapproche beaucoup par la forme de celle du *G. cinereum* All.; elle
est plus maigre, à fleurs moins nombreuses, à pédicelles plus longs et plus ouverts, à lobes plus brière-

ment mucronés. Les feuilles sont verticillées par 6,
linéaires, subulées, épaisses, à nervure très-large et
paraissant déprimée comme dans le *G. corrudæfo·
lium*, mais plus longuement aristées que dans ce
dernier, généralement étalées, d'un beau vert clair,
un peu glauques, ne devenant pas grisâtres par la
dessiccation. Le *G. apiculatum* Sibth. est une plante
différente, à feuilles larges. Le *G. ochroleucum* Kit.
est aussi différent, d'après les échantillons que je possède des Bannates, qui répondent très-bien à la description que Koch donne de cette espèce dans le
Syn. fl. germ. éd. 2, p. 366. Ses feuilles sont très-
longues, très-étalées, exactement linéaires, point
épaisses, très-régulièrement serrulées sur les bords, à
dents fines et très-nombreuses. Il est surtout très-remarquable par les rameaux de la panicule qui sont garnis de fleurs et de feuilles presque jusqu'à la base, et
par ses corolles à lobes longuement cuspidés, tandis
que dans la plante de Grèce, le mucron qui termine les
lobes de la corolle est très-court, et les rameaux de
la panicule sont dénudés à la base. Je propose de
nommer cette dernière espèce *G. Spruneri*.

J'ai recueilli en Corse une espèce de *Galium* qui
me paraît nouvelle et assez rapprochée du *G. cinereum* All. Elle est intermédiaire entre cette espèce
et le *G. corsicum* Spreng. — *nudiflorum* Viv., de
même que ce dernier marque le passage au *G. rubrum* L. En voici la description :

Galium venustum (N.).

Panicule grêle, oblongue ; rameaux dressés, peu étalés, flexueux. Pédicelles fructifères dressés-étalés, filiformes. Corolle assez petite, d'un rose tendre, à lobes ovales-elliptiques, brièvement mucronés. Styles soudés jusqu'au-dessus du milieu. Fruit grisâtre, peu chagriné, petit. Feuilles verticillées par 6-8, très-étalées, linéaires et très-aiguës dans le haut, oblongues-ovales et très-courtes dans le bas, rétrécies vers leur base, assez minces, à nervure dorsale peu épaisse et saillante à la base, terminées par une fine arête, faiblement serrulées sur les bords, d'un vert clair, assez luisantes et très-glabres. Tiges assez nombreuses, dressées, flexueuses, faibles, quadrangulaires, à angles saillants, lisses et luisantes. Souche grêle, subcespiteuse, à rhizômes un peu traçants. Plante de 2 à 3 décim., assez grêle, glabre et luisante.

J'ai recueilli cette espèce en Corse, dans les montagne du Niolo, où elle vient dans les pâturages secs et sur la lisière des bois, et fleurit en juin. Elle s'éloigne des *G. cinercum* All. et *erectum* Huds. par ses tiges beaucoup plus faibles, à angles plus saillants, ses feuilles inférieures très-courtes et élargies, ses fleurs de couleur rose, à lobes plus courtement aristés, et ses styles moins profondément séparés. La panicule est plus grêle, et les pédicelles fructifères sont plus étalés que dans le *G. cinereum*. Les feuilles ne sont point glauques, mais vertes et luisantes comme dans l'*erectum*, et moins épaisses. Les fruits sont plus petits que dans ces deux espèces. Elle diffère du *G. citraceum* Boiss. et Heldr. par ses feuilles beaucoup moins larges et plus aiguës. Celui-ci a les feuilles très-minces et très-planes, brièvement mucronées, à nervure très-fine, et d'un vert opaque. Sa panicule est oblongue, étroite, à rameaux dressés-étalés. Les corolles paraissent jaunâtres, et ont les lobes aristés. Les styles sont de moitié plus courts que dans le *venustum* et peu divergents. Ce dernier se rapproche par la couleur de ses fleurs, la forme de ses feuilles inférieures, et ses tiges faibles, du *G. corsicum* Spreng.; mais la forme de la panicule qui est régulière et non diffuse, les pédicelles fructifères non divariqués, et les lobes de la corolle terminés par une pointe courte presque nulle, l'en éloignent complètement. Les feuilles sont aussi plus étroites et plus longues, relativement à leur largeur; leurs bords sont garnis d'aiguillons peu nombreux, aigus, dirigés en avant, tandis que dans le *G. corsicum*, les aiguillons qui bordent la feuille sont très-petits, très-nombreux et de deux sortes, les uns dirigés en avant, et les autres en arrière. La tige de ce dernier est généralement rude, couverte d'aspérités ou de petits poils dirigés en bas. Ses fruits sont plus bruns et bien plus finement chagrinés. Je vais en donner la description :

Galium corsicum Spreng.

Panicule très-grêle, diffuse ; rameaux écartés-divergents, subcorymbiformes. Pédicelles fructifères très-divariqués. Corolle très-petite, d'un rouge très-pâle , à lobes elliptiques oblongs, terminés par une longue et fine arête. Fruit de couleur brune, lisse, granulé. Feuilles verticillées par 4-6, elliptiques-oblongues, les inférieures obovées, étalées, très-minces, veinuleuses, à nervure dorsale fine et saillante, à arête terminale fine et courte, munies sur les bords de très-petits aiguillons souvent nuls ou peu visibles ; disposés sur deux rangs, les uns dirigés en avant, et les autres en arrière; d'un vert clair, un peu luisantes, tantôt très-glabres, tantôt hispides. Tiges très-faibles, très-nombreuses, inclinées à la base, redressées, flexueuses, souvent entrelacées, quadrangulaires à angles saillants, tantôt lisses, tantôt couvertes de petites aspérités dirigées en bas. Souche très-grêle, subcespiteuse, très-peu traçant. Plante de 1 à 2 décim., très-grêle, glabre ou velue, plus ou moins luisante.

Cette espèce est assez commune en Corse, où je l'ai rencontrée sur presque tous les points de la région montagneuse que j'ai visités. Elle fleurit en juillet, ou en juin, sur les collines basses. A elle se rapporte évidemment le *G. nudiflorum* Viv. app. 2, d'après la description qui ne diffère pas de celle don-née par Tausch, dans le Flora oder bot. Zeitung, vol 14, p. 221. Le *G. soleirolii* Lois. Nouv. not. paraît aussi devoir appartenir à la même espèce, ainsi que le *G. mediterraneum* D. C. Prodr. 4 p. 596.—*campestre* Duby Bot. gall. p. 248, et le *G. Morisii* Spreng. Salis-Marschlins dans son Catalogue des plantes de la Corse, réunit cette espèce au *G. rubrum* L. sous le nom de *G. rubrum mediterraneum*, et en distingue quatre formes différentes ou quatre sous-variétés. Tausch exprime la même opinion dans le Flora oder bot. Zeit. vol. 18, p. 345, et pense que le *Galium* qu'il a décrit sous le nom de *G. corsicum* doit être rapporté, comme variété, au *G. rubrum* L. dont il diffère uniquement par ses tiges velues. S'il n'y avait effectivement d'autre différence entre ces deux es-pèces que celle tirée de l'absence ou de la présence des poils, il est clair que leur réunion ne pourrait être l'objet d'un doute; mais si l'on compare des individus glabres du *G. corsicum* avec des indivi-dus également glabres du *G. rubrum*, il suffit de la plus légère attention pour apercevoir entre eux des différences notables et tout-à-fait caractéristiques. Ainsi, dans le *G. rubrum*, les corymbes qui terminent les rameaux de la panicule sont beaucoup plus am-ples, plus composés, à ramifications plus garnies de feuilles; les fleurs sont plus grandes, d'un beau rouge et non d'un rouge livide, à lobes plus élargis et moins longuement cuspidés; les anthères sont de forme plus arrondie et conservent leur couleur blanchâtre sur le sec; les styles sont divergents presque dès la base, et relativement à la grandeur de la fleur, de moitié plus courts que dans l'autre espèce; les feuilles sont beaucoup plus allongées et relativement plus étroites, de forme plus égale, verticillées par 8, plus épaisses, point veinuleuses, à nervure dorsale plus forte; les tiges sont plus élevées, plus robustes, à angles un peu moins saillants. En un mot, ces deux plantes diffèrent dans presque tous les organes, et ont chacune un port qui les distingue et ne permet pas de les confondre au premier aspect.

Le *G. rubrum* L. paraît ne pas se trouver en France. Celui qui est indiqué à Toulon et à Nice est, selon moi, très-différent de la plante du nord de l'Italie et de Fiume. En voici la description.

GALIUM RUBIDUM (N.).

Panicule grêle, flexueuse, ovale ou ovale-oblongue dans son pourtour; rameaux dressés-étalés, flexueux, racémiformes, les inférieurs allongés, garnis d'un grand nombre de petites grappes courtes à fleurs très-petites et très-nombreuses. Pédicelles fructifères très-étalés, flexueux, divergents. Corolle rougeâtre, à

lobes elliptiques, terminés par une pointe sétacée
dépassant la moitié de leur longueur. Fruit brun,
très-faiblement granulé, très-petit. Feuilles intermédiaires verticillées par 8, dressées-étalées, fermes,
assez minces, linéaires, mucronées, à nervure dorsale saillante et très-épaisse vers le bas, à face supérieure rude, à bords garnis d'aiguillons courts raides aigus et la plupart dirigés en bas, d'un vert clair
blanchâtre, ordinairement glabres et luisantes, quelquefois velues vers le bas de la plante. Tiges diffuses,
couchées et filiformes à la base, redressées, flexueuses, souvent brisées et renflées aux articulations, à
angles saillants blanchâtres et très-luisants, souvent
un peu rudes, très-glabres ou poilues dans le bas
comme les feuilles. Souche grêle, compacte, émettant quelques stolons radicants. Racine brune, filiforme. Plante de 2 à 4 déc., glabre et luisante, très-
rarement velue.

Je l'ai récolté sur les collines calcaires aux environs de Toulon, et aussi dans les terrains primitifs
à Hyères, Bormes, etc. Je l'ai de Nice tout velu dans
le bas. Il fleurit en juin. Sa panicule est bien plus
grêle, plus composée que dans le G. *rubrum* et à
branches plus racémiformes. Les corolles sont de
moitié plus petites, d'un rouge moins vif, à lobes
plus finement et plus longement aristés. Dans le *rubrum* l'arête n'égale pas le tiers du lobe. Les feuilles
dans ce dernier sont un peu plus larges et moins

rudes. Ses tiges sont plus fortes et très-radicantes
vers la base.

Le *G. rubrum* var. *pilosum* Duby Bot. gall. p. 248.
— *purpureum* b. Fl. fr. 5, p. 446 qui croît dans la
Lozère où il a été signalé par M. Prost, me paraît
une autre espèce distincte également et du *rubrum*
et du *rubidum*. En voici la description.

GALIUM PROSTII (N.).

Panicule ample, dressée, ovale-oblongue; rameaux assez raides, allongés, très-étalés dans le bas,
très-composés, les secondaires assez longuement
dénudés inférieurement, et terminés par des grappes
corymbiformes très-diffuses à fleurs très-petites et
très-nombreuses. Pédicelles fructifères très-étalés,
flexueux, divergents. Corolle très-petite, rougeâtre;
à lobes elliptiques-oblongs, terminés par une pointe
sétacée égale environ au tiers de leur longueur. Fruit
rembruni, peu granulé, très-petit. Feuilles intermédiaires verticillées par 8 - 10, très-étalées ou le plus
souvent réfléchies et courbées en dessus, assez minces, linéaires-oblongues, mucronées, à nervure
dorsale saillante assez fine, à face supérieure souvent un peu rude, à bords garnis d'aiguillons aigus
assez étalés et la plupart dirigés en haut, d'un vert
clair, opaques, plus ou moins pubescentes ou glabriuscules vers le haut. Tiges inclinées et grêles vers

la base, redressées, assez fermes, peu flexueuses, à angles blanchâtres assez fins et peu saillants, pubescentes ou glabres comme les feuilles. Souche compacte, paraissant peu stolonifère. Plante de 2 à 4 déc., pubescente ou plus rarement glabre.

Je ne connais cette plante que d'après les exemplaires que j'ai reçus de M. Prost, car je ne l'ai pas observée vivante; mais je ne doute pas qu'elle ne mérite d'être élevée au rang d'espèce, en raison des caractères que je viens de signaler. Les différences les plus frappantes qui l'éloignent du G. *rubidum* sont: 1° la forme de la panicule qui est bien plus ample, plus ferme, occupant une plus grande partie de la tige, et dont les rameaux se terminent par des corymbes plus diffus. 2° La direction des feuilles qui sont bien plus étalées et la plupart réfléchies et courbées en dessus d'une manière remarquable, au bas des rameaux de la panicule. 3° Leur nombre qui est ordinairement de 9 ou 10 et plus rarement de 8 aux verticilles. 4° Leur forme plus élargie. 5° Leur nervure dorsale presque aussi saillante, mais évidemment moins épaisse. 6° Les aiguillons moins raides, plus étalés, dirigés en haut. Enfin l'aspect moins luisant, la pubescence bien moins rare. La tige est moins brisée, plus ferme, plus dressée, à angles moins saillants, ordinairement lisse ou pubescente, mais non rude. Les fleurs sont d'ailleurs aussi petites que dans le *rubidum*, ce qui l'éloigne du *rubrum* qui a les feuilles octonées, plus dressées, à nervures plus larges et presque toujours très-glabres.

Les *G. corsicum* Spr., *rubrum* L., *rubidum* (N), et *Prostii* (N), commencent la série nombreuse des espèces à fleurs disposées en corymbe paniculé, qui termine la section *Eugalium*. Ce sont généralement de petites espèces très-voisines par leurs caractères, et dont l'étude est par cette raison fort difficile. Un grand nombre est encore très-peu connu. Plusieurs de celles qui ont été anciennement signalées restent encore douteuses, parce que les auteurs n'ont pas eu le soin de faire connaître leurs vrais caractères. Je vais en décrire un certain nombre d'une manière abrégée, en négligeant souvent quelques caractères, tels que ceux tirés des parties de la fleur qui sont peu visibles sur le sec et fort minutieux, et en me bornant à l'examen des feuilles intermédiaires, qui dans presque toutes les espèces sont plus longues que les supérieures et les inférieures, et toujours plus étroites que ces dernières. Je crois cependant que dans ce genre, comme dans tous les genres très-naturels, il convient de ne rien négliger et de tout apprécier avec beaucoup d'exactitude ; et que chercher à distinguer les espèces avec un ou deux caractères tranchés, comme le veulent les botanistes de l'école Linnéenne et les amateurs de la science rendue facile avant tout, c'est une entre-

prise absolument vaine, puisque toutes les différences qui les séparent prises isolément sont légères,
et qu'il n'y a de tranché que leur ensemble. Mais,
comme je me propose de revenir sur les nombreuses espèces que je vais signaler pour en donner la
figure, j'aurai l'occasion d'ajouter de nouveaux détails et de compléter leur histoire. Je me borne
pour le moment à indiquer les caractères les plus
saillants de celles que je crois le mieux connaître.

GALIUM MYRIANTHUM (N.).

Panicule ample, ovale-oblongue; rameaux dressés-étalés, très-composés, racémiformes, à petits
corymbes terminaux peu diffus, et à fleurs très-
nombreuses. Pédicelles fructifères dressés-étalés, assez courts. Corolle petite, jaunâtre; à lobes elliptiques-oblongs, étalés réfléchis, terminés par une
pointe sétacée égale à la moitié de leur longueur.
Fruit grisâtre, très-visiblement chagriné, de grosseur moyenne. Feuilles verticillées par 9-12, dressées-étalées, linéaires ou oblongues-linéaires, mucronées; à nervure dorsale saillante; à bords munis
d'aiguillons fins très-aigus, un peu étalés, disposés
très-visiblement sur deux rangs et tournés en haut
pour la plupart; d'un vert clair un peu jaunâtre;
mollement velues ou glabriuscules vers le haut. Tiges
assez fermes, dressées, plus grêles, couchées et ascendantes à la base, à angles aigus assez saillants,

velues ou glabres comme les feuilles. Souche grêle très-compacte, à stolons radicants nuls. Racine d'un brun roux, assez forte, divisée en plusieurs fibres allongées et garnies d'un chevelu très-fin d'un brun rougeâtre. Plante de 2 à 4 déc., ordinairement très-mollement velue dans sa partie inférieure.

Il croît communément dans les parties basses et exposées au midi des montagnes du Bugey (Ain), et vient surtout dans les lieux secs et pierreux. Il est également commun sur les collines calcaires des environs de Crémieux et Morestel (Isère), et se trouve jusqu'au pied de la Grande - Chartreuse et aux environs de Grenoble. Il fleurit en juin. Il est certainement très-voisin du *G. Prostii*, mais il en diffère, indépendamment de la couleur des fleurs, par les rameaux de la panicule bien plus dressés, racémiformes, à divisions plus nombreuses, moins longuement dénudés à la base; par les petits corymbes terminaux beaucoup moins diffus; les pédicelles moins divergents; les feuilles dressées et non réfléchies, plus allongées, plus nombreuses aux verticilles. Les pointes de la corolle sont un peu plus allongées, et le fruit est de moitié plus gros, moins rembruni. Il s'éloigne du *G. rubidum* par ses tiges plus dressées, plus fermes et rarement glabres; ses feuilles nombreuses, à nervure moins épaisse; ses fruits plus gros; ses fleurs jaunes; ses pédicelles moins divergents; et la forme de sa panicule qui est plus ample, à rameaux moins étalés et moins grêles. La description du *G. obliquum* dans Villars Fl. Dauph. 2, p. 320 lui convient en partie. Ce que dit Villars des tiges qui se divisent en une infinité de petits rameaux fort rapprochés, lui est très-bien appliqué; mais les feuilles sont bien plus nombreuses aux verticilles qu'il ne le dit; et on en compte le plus souvent 10 ou 11. D'après sa description et les localités qu'il indique, j'ai lieu de croire qu'il a compris dans son *G. obliquum* plusieurs espèces différentes, toutes également pourvues de corolles aristées. Il dit sa plante fort commune dans tout le Dauphiné et très-variable; mais ces diverses variétés soumises à la culture se montrent constantes, et examinées avec soin, elles présentent des différences nombreuses et importantes dans tous leurs organes.

GALIUM LUTEOLUM (N.).

Panicule irrégulière, obliquement ovale; rameaux étalés ou un peu dressés, plus allongés et plus nombreux d'un côté, à divisions peu nombreuses, et à corymbes terminaux lâches et diffus. Pédicelles fructifères étalés, divariqués Corolle petite, jaunâtre, à lobes ovales-oblongs très-étalés, terminés par une pointe sétacée dépassant la moitié de leur longueur. Fruit grisâtre, finement granulé, petit. Feuilles verticillées par 6-8, très-étalées,

rigidules, linéaires ou oblongues-linéaires, mucronées, planes, à nervure dorsale très-saillante et assez
forte , à bords rudes munis de très-petits aiguillons à peine visibles à la loupe et dirigés en haut ,
d'un vert clair, un peu luisantes, glabres ou rarement un peu hispides vers le bas. Tiges faibles , inclinées à la base , diffuses, redressées, très-rameuses
et paniculées presque dès la base, à angles saillants
et luisants, ordinairement lisses et glabres, ou parfois un peu hispides dans la partie inférieure. Souche très-grêle , émettant des stolons radicants. Racine filiforme. Plante grêle , de 1 à 2 déc., ordinairement glabre et un peu luisante.

J'ai récolté cette espèce aux environs de Gap,
au col de l'Arche (Basses-Alpes), à la montagne dite
Bramebuou près St-Genis-le-Désolé (Hautes-Alpes),
d'où je l'ai rapportée vivante dans mon jardin. Elle
fleurit en juin et juillet. Cultivée à côté du G. myrianthum et reproduite de semis , elle conserve tous
ses caractères et se distingue au premier aspect.
Elle est beaucoup plus basse, plus glabre, plus luisante, moins multiflore, à feuilles moins nombreuses et plus étalées , à rameaux plus ouverts et moins
composés. Les tiges sont plus diffuses , plus grêles et radicantes à la base. La souche est bien moins
compacte. Les corolles sont d'un jaune plus foncé,
à ombilic plus étroit et plus déprimé , à lobes de
forme plus ovale, terminés par une pointe en-

9

core plus allongée. Le fruit est plus petit, et les pédicelles sont plus longs et plus divergents.

Galium brachypodum (N).

Panicule très-ample, ovale; rameaux écartés,
très-étalés, flexueux, racémiformes, à corymbes
terminaux peu nombreux et très-petits. Pédicelles
fructifères dressés-étalés, très-courts. Corolle petite,
d'un blanc sale; à lobes oblongs très-étalés, terminés par une pointe sétacée plus courte que la moitié de leur longueur. Fruit brunâtre, très-finement
et régulièrement granulé, très-petit, égalant environ
la longueur du pédicelle. Feuilles verticillées par 8,
très-étalées ou à la fin réfléchies, assez courtes,
oblongues-linéaires, planes, un peu épaisses, à nervure non saillante sur le frais et relevée à l'état sec
vers la base, à bords presque lisses ou munis d'aiguillons à peine visibles à la loupe, d'un vert gai,
très-finement pubescentes ou glabriuscules. Tiges
élancées, dressées-étalées, flexueuses, inclinées et
ascendantes à la base, à angles saillants, légèrement
pubescentes dans le bas, glabres dans le haut. Souche grêle, assez compacte. Racine grisâtre. Plante
de 3 à 4 déc., légèrement pubescente dans sa partie inférieure.

Je l'ai récolté aux environs de Gap, d'Embrun
et de Guillestre (Hautes-Alpes), ainsi qu'à Barcelon-

nette (Basses-Alpes) où il est commun. Il vient dans les lieux secs des bois et des collines, et fleurit en juin et juillet. Sa taille est beaucoup plus élevée que celle du G. *luteolum*; ses feuilles sont moins fermes et plus épaisses ; ses fleurs sont disposées en corymbes bien plus petits et à pédicelles beaucoup plus courts et plus dressés ; sa panicule est plus flexueuse et moins oblique. Il diffère complètement du G. *myrianthum* par la forme de la panicule, le nombre des feuilles et leur nervure, et les fruits de moitié plus petits, dont les rugosités sont bien plus fines et plus régulières.

Galium alpicola (N.).

Panicule en forme de grappe oblongue ; rameaux étalés, presque à angle droit, flexueux, assez courts, à divisions rapprochées et à fleurs nombreuses disposées en petits corymbes très-diffus. Pédicelles fructifères étalés, divergents et très-courts. Corolle petite, d'un blanc sale; à lobes ovales-oblongs, très-étalés, terminés par une pointe sétacée, égale au tiers de leur longueur. Fruit grisâtre, un peu rembruni, très-finement rugueux, assez petit. Feuilles verticillées par 8-9, très-étalées ou réfléchies, linéaires, mucronées, à nervure dorsale un peu saillante; à bords munis d'aiguillons très-fins étalés, les supérieurs dirigés en haut et les inférieurs en bas :

d'un vert assez clair, finement pubescentes ou glabriuscules. Tiges longuement et étroitement paniculées, couchées, filiformes et plus ou moins radicantes vers la base, ascendantes, un peu diffuses,
souvent dressées, brisées et contournées aux articulations, à angles fins et un peu saillants, finement
pubescentes ou glabres dans le haut. Souche grêle,
stolonifère ou subcespiteuse. Racine grisâtre, filiforme. Plante de 2 à 3 déc., plus ou moins pubescente.

J'ai recueilli cette espèce sur le col du Lautaret
aux environs de Briançon (Hautes-Alpes), au col de
l'Arche (Basses-Alpes). Elle fleurit en juillet et août.
La forme de la panicule est caractéristique, les rameaux étant courts et la plupart étalés à angle droit,
mais point raides. Les fleurs sont bien plus nombreuses et plus ramassées que dans le *brachypodum*
et les pédicelles un peu plus longs quoique fort
courts et bien plus divergents. Le fruit est plus gros.
Les feuilles intermédiaires sont généralement verticillées par 9, mais ne dépassent pas ce nombre. Les
styles sont fort allongés. La pubescence est variable comme dans les autres espèces. Elle ne peut
être confondue avec aucune de celles qui précèdent et se rapproche davantage de celle qui
suit.

GALIUM LŒTUM (N.).

Panicule en forme de grappe ovale-oblongue; rameaux dressés-étalés, décroissants, allongés dans le bas, à divisions assez écartées, terminés par des grappes corymbiformes peu diffuses. Pédicelles fructifères très-étalés, courts. Corolle assez petite, blanche; à lobes ovales-oblongs, terminés par une pointe sétacée égale au tiers de leur longueur. Fruit rembruni, très-finement granulé, de grosseur moyenne. Feuilles verticillées par 8-9, dressées-étalées, linéaires, aiguës, mucronées, assez égales, à nervure dorsale épaisse et très-saillante, à bords rudes munis de petits aiguillons nombreux très-aigus dressés ou les inférieurs tournés en bas, d'un vert très-clair, un peu luisantes, très-glabres ou quelquefois hispides sur le bas de la plante. Tiges grêles, élancées, légèrement flexueuses, ascendantes, couchées et un peu radicantes à leur base, à angles saillants très-fins et luisants, lisses et glabres, ou quelquefois hispidules à la base. Souche ramifiée, peu compacte. Racine filiforme. Plante de 3 à 4 déc., élégante, d'un beau vert clair, le plus souvent glabre.

J'ai recueilli cette espèce aux environs de Castellanne et de Sisteron (Basses-Alpes). Elle n'est pas rare dans les lieux secs et pierreux de cette région, et fleurit en juillet. Elle est très-voisine de celle qui précède, mais elle a un aspect tout différent qui la

fait reconnaître au premier coup-d'œil. La panicule
forme une grappe plus régulièrement décroissante,
à rameaux moins divergents et beaucoup moins
contournés. Les fleurs sont plus blanches, moins
ramassées et moins nombreuses. Les feuilles sont
dressées-étalées et non réfléchies, généralement plus
longues, plus aiguës et plus égales dans leur forme, à
nervure plus forte, plus rarement velues et à pubescence moins fine. La tige est plus élancée, moins
rigidule, moins brisée aux articulations qui sont
plus écartées. Je n'ai encore soumis à la culture ni
l'une ni l'autre de ces deux espèces; mais je ne doute
pas qu'étant placées dans les mêmes conditions elles
ne conservent tous leurs caractères.

J'ai récolté près Gondargue (Gard), en allant de
la Chartreuse de Valbonne à Lussan un *Galium* très-
voisin du *lætum*, mais qui est peut-être différent.
La panicule est bien plus grêle, plus flexueuse. Les
fleurs sont un peu jaunâtres, pareillement aristées.
Les feuilles sont plus courtes et plus élargies au
sommet, plus étalées, plus minces, à nervure saillante, mais fine. Les tiges sont aussi allongées, mais
très-faibles et plus diffuses. La souche paraît ne pas
émettre de stolons radicants. Comme mes exemplaires ne sont pas très-nombreux, et que je n'ai trouvé
cette plante que dans une seule localité, je me borne
à la désigner provisoirement sous le nom de *G graci-
lentum*, sans porter sur elle un jugement définitif;

car si elle tient à l'espèce qui précède par ses corolles aristées, elle se rapproche beaucoup de celle qui
suit par d'autres caractères.

GALIUM COLLINUM (N.).

Panicule diffuse, irrégulière, ovale ou ovale-
oblongue dans son pourtour ; rameaux dressés-
étalés, terminés par des corymbes très-fournis, assez
réguliers et à la fin très-diffus. Pédicelles fructifères très-courts, étalés. Corolle petite, blanche; à
lobes ovales-elliptiques, terminés par une pointe
courte. Fruit grisâtre, à la fin rembruni, finement
et régulièrement granulé. Feuilles verticillées par
8-10, très-étalées, courtes, linéaires, très-aiguës,
mucronées, à nervure dorsale peu saillante sur le
frais et assez large vers le bas, à bords lisses ou munis d'aiguillons peu visibles à la loupe, d'un vert
clair, couvertes d'une pubescence très-fine et très-
courte, rarement glabriuscules. Tiges nombreuses
plus ou moins diffuses, les intérieures souvent dressées, les extérieures couchées, ascendantes à la base,
entièrement couvertes d'une pubescence courte qui
les fait paraître comme poudreuses. Souche très-
compacte, à stolons radicants nuls. Racine grisâtre,
filiforme. Plante de 1 à 2 déc., à pubescence très-
courte.

Cette espèce paraît assez commune sur les collines exposées au midi des départements du Gard, de

l'Ardèche et de la Drôme. Je l'ai récoltée aux environs de Valence (Drôme), à Châteaubourg près Tournon (Ardèche), à Alais (Gard). Elle fleurit en juin. Ses fleurs blanches et non aristées l'éloignent des précédentes dont elle se rapproche par la disposition de ses fleurs qui sont très-nombreuses et courtement pédicellées. Ses feuilles sont très-étalées ou quelquefois réfléchies. Ses tiges sont généralement assez basses, longuement paniculées, peu allongées à leur base, et nullement radicantes. Je ne l'ai pas rencontrée glabre.

GALIUM SCABRIDUM (N.).

Panicule diffuse, irrégulière, elliptique dans son pourtour; rameaux dressés ou étalés, courts et souvent avortés dans le bas, à fleurs très-nombreuses disposées en corymbes irréguliers dressés à la fin diffus. Pédicelles fructifères très-courts, plus ou moins étalés. Corolle très-petite, blanche; à lobes ovales-oblongs, terminés par une pointe courte. Fruit brun, légèrement chagriné, petit. Feuilles verticillées par 8-10, assez étalées, linéaires, très-aiguës et mucronées, à nervure dorsale très-épaisse et saillante à l'état frais, à bords très-rudes ainsi que la face supérieure et garnis d'aiguillons nombreux étalés ou dirigés en bas, d'un vert très-clair et un peu jaunâtre, glabres et luisantes. Tiges grêles, en touffes peu denses, souvent stériles, couchées, filiformes, radicantes et

très-ramifiées dans leur partie inférieure, puis redressées, un peu flexueuses, à angles saillants, lisses
ou un peu rudes, glabres et luisantes ainsi que les
feuilles. Souche peu compacte, émettant des stolons radicants. Racine relativement assez épaisse.
Plante de 1 à 2 décim., d'un vert très-clair, rude,
glabre et luisante.

Cette espèce est peu commune. Je l'ai observée à
Vienne (Isère), à Lyon, aux bords du Rhône et sur
les collines. Je l'ai aussi récoltée aux environs de
Laragne (Hautes-Alpes). Elle fleurit en juin. Elle est
remarquable par l'avortement fréquent des rameaux
inférieurs de la panicule qui sont rarement très-deve-
loppés, et celui des tiges qui arrive quelquefois. Elle
se distingue du *G. collinum* par sa panicule plus
étroite, à rameaux inférieurs plus courts; ses feuilles
rudes, à nervure bien plus forte, d'un beau vert
très-clair, glabres et luisantes; ses tiges filiformes et
longuement couchées à la base; sa souche lâche et
rameuse, radicante; sa racine plus forte. Par le caractère de la nervure elle se rapproche du *G. pumilum* Lam.; mais ce dernier est toujours beaucoup
plus petit et forme des touffes très-denses. Sa panicule est courte, corymbiforme. Ses feuilles sont plus
raides et plus petites, verticillées par 6-8, dressées,
très-étroites, longuement aristées, à nervure relativement beaucoup plus forte.

GALIUM TIMEROYI (N.), pl. 6, fig. 4. 1 à 5.

Panicule diffuse, irrégulière, obliquement ovale
ou ovale-oblongue ; rameaux très-composés, dressés-
étalés, souvent tous jetés d'un seul côté, à fleurs nombreuses en corymbes dressés à la fin diffus. Pédicelles fructifères très-étalés, assez courts. Corolle
très-petite, blanchâtre, à lobes ovales-oblongs terminés par une pointe courte. Fruit grisâtre, rembruni, presque lisse, petit. Feuilles verticillées par
9-11, dressées-étalées, courtes et étroites, linéaires,
aiguës, mucronées, à nervure dorsale épaisse et non
saillante à l'état frais, à bords lisses ou garnis de
très-petits aiguillons la plupart dirigés en bas, d'un
vert très-clair et un peu jaunâtre, presque toujours
glabres et un peu luisantes; Tiges grêles, nombreuses, diffuses, couchées sur terre et ascendantes
à leur partie supérieure, faibles, flexueuses et filiformes, mais nullement radicantes à la base, à angles
saillants, lisses et presque toujours glabres. Souche
grêle, très-compacte. Racine filiforme. Plante de 2
à 3 décim., très-grêle, d'un vert très-clair, et glabre.

Cette espèce croît sur les collines calcaires des environs de Lyon où elle n'est pas rare. Je l'ai aussi
récoltée aux environs de Nîmes. Elle fleurit en juin.
Elle a assez d'affinité avec les *G. collinum* et *scabridum*;
mais elle est très-distincte de toutes les précédentes.

La panicule est souvent allongée et toute jetée d'un côté, surtout dans les tiges extérieures qui sont très-couchées. Ses pédicelles sont un peu moins courts que dans le *collinum* et les fleurs sont moins blanches. Les lobes de la corolle sont un peu plus rétrécis à leur base, très-étalés et convexes en-dessus, marqués de trois nervures assez prononcées, dépassant peu la longueur de l'ovaire qui est manifestement obovale, tandis que dans le *collinum* l'ovaire est bien plus court relativement à la corolle et moins rétréci du bas, comme dans la plupart des autres espèces voisines. Les anthères sont d'un beau jaune, ovales-arrondies, et les styles sont un peu étalés, séparés jusqu'au-dessous du milieu. Les feuilles sont assez étroitement linéaires et très-aiguës; celles des verticilles inférieures sont peu élargies ; elles sont généralement peu étalées et très-glabres, ce qui les distingue très-bien du *G. collinum* qui les a très-étalées, plus larges et pubescentes ; leurs bords sont plus rarement lisses. Les tiges sont bien plus grêles, plus couchées et plus flexueuses. Elle est très-voisine du *G. scabridum*, et ces deux plantes se ressemblent parfaitement quant à l'aspect du feuillage qui est d'un vert très-clair et un peu jaunâtre dans l'une et l'autre. Mais dans le *scabridum* la panicule est plus étroite, les fleurs sont plus blanches, les styles plus courts et séparés presque entièrement. Les feuilles sont plus rudes, à aiguillons plus allongés, plus fortement mucronées;

leur nervure est manifestement plus forte et plus saillante ; elles sont aussi plus étalées et un peu moins nombreuses. Les tiges sont plus relevées et radicantes à la base. La souche est moins compacte et la racine plus épaisse. J'ai longtemps cru avec M. Timeroy, qui le premier a appelé l'attention des botanistes lyonnais sur cette plante remarquable, qu'elle pouvait être rapportée au *G. supinum* Lam., et je l'ai même envoyée plusieurs fois sous ce nom ; mais après un examen attentif des descriptions du *G. supinum* et une nouvelle étude de cette plante, je me suis convaincu qu'elle était réellement bien différente de l'espèce qui a été désignée sous ce nom. En effet, Lamark., dans le Dict. enc. 2, p. 579, dit du *G. supinum* : *foliis sub senis lineari-lanceolatis*, tandis que dans le *G. Timeroyi*, les feuilles sont plus nombreuses presque du double, car on en compte le plus souvent 10 à 11 à chaque verticille, quelquefois 9, mais rarement moins. Un caractère aussi facile à apercevoir est décisif, et l'on ne peut admettre que Lamarck ait voulu décrire la même plante que celle qui croît à Lyon. Il dit de la sienne qu'elle n'a que 4 ou 5 pouces au plus, que les tiges sont étalées, et que les feuilles sont raides, carénées en-dessus et longues de 3 à 4 lignes. Le *G. Timeroyi* a les feuilles plus longues. Il est couché ; mais ses tiges sont ascendantes, allongées et très-flexueuses. Le synonyme cité : *Galium saxatile minimum supinum*

et pusillum, Tournefort 115 et Jussieu Act. par
1714 t. 15, f. 2. ne lui convient pas mieux, et doit se
rapporter à quelque petite espèce telle que le *G.
pyrenaicum* Gou., le *pumilum* Lam. ou quelque autre.

GALIUM IMPLEXUM (N.).

Panicule ample, très-diffuse, ovale, oblique ;
rameaux étalés, souvent jetés d'un seul côté, très-
nombreux, divisés, entre-croisés, à fleurs nombreuses en corymbes dressés peu diffus. Pédicelles
fructifères dressés un peu étalés. Corolle très-petite,
blanchâtre, à lobes ovales aigus. Fruit grisâtre,
rembruni, presque lisse, de grosseur moyenne.
Feuilles verticillées par 6 - 9, très - étalées, assez
courtes, linéaires, très-aiguës, mucronées, à nervure dorsale saillante à l'état frais, à bords entièrement lisses munis rarement de quelques aiguillons
très-courts, d'un vert clair brunissant un peu par
la dessiccation, pubescentes ou glabres. Tiges grêles,
diffuses, très-nombreuses, disposées en touffes denses inextricables, couchées, filiformes et non radicantes à leur partie inférieure, ascendantes, redressées, flexueuses, à angles assez saillants, couvertes
d'une pubescence fine et courte, ou souvent entièrement glabres. Souche assez épaisse, très-compacte. Racine grisâtre, dure et relativement assez
forte. Plante de 2 déc., pubescente ou glabre.

Cette espèce croît sur les collines calcaires des

départements du Gard, de la Drôme et de l'Ardèche. Je l'ai récoltée aux environs de Nîmes, au
Mont-Bouquet près Alais (Gard), à Valence (Drôme`,
etc. Elle se trouve aussi à Lyon, mais elle y est assez
rare. Elle a beaucoup d'affinité avec le *G. Timeroyi*,
mais elle s'en distingue facilement. Les corymbes
fructifères sont plus dressés, et les pédicelles moins
étalés. Les styles sont plus courts et divisés jusqu'à
la base. Les fruits sont plus gros. Les feuilles sont
bien moins nombreuses aux verticilles, très-étalées,
souvent un peu réfléchies ; leur consistance est plus
mince et la nervure plus saillante ; leurs bords sont
presque toujours lisses, et leur couleur change par
la dessiccation, tandis qu'elle se conserve parfaitement dans l'autre espèce. Les tiges sont plus relevées
et bien plus entrelacées ; elles sont très-fréquemment
pubescentes ainsi que les feuilles, tandis que le *G.
Timeroyi* se présente toujours glabre. La souche est
notablement plus épaisse ainsi que la racine.

GALIUM INTERTEXTUM (N.).

Panicule ample, diffuse, ovale ; rameaux très-divariqués, entre - croisés, les uns dressés-étalés, les
autres étalés à angles droits ou réfléchis, très-composés, à fleurs disposées par petits fascicules formant
des corymbes dressés très-ouverts. Pédicelles fructifères dressés un peu étalés, non divariqués. Corolle

très-blanche, à lobes étalés, elliptiques-oblongs, terminés par une pointe très-courte. Fruit blanchâtre,
à la fin rembruni, peu chagriné, assez gros relativement. Feuilles verticillées par 7-9, très-étalées ou réfléchies, courtes, linéaires, mucronées, à nervure
dorsale assez épaisse et un peu saillante vers la base,
à bords munis de très-petits aiguillons peu étalés,
d'un vert très-clair blanchâtre, glabres, paraissant
couvertes de très-petites papilles blanches et luisantes. Tiges très-nombreuses, entre-croisées, paniculées presque dès la base, inclinées et filiformes à
leur base, dressées-étalées, contournées, assez raides,
à articulations rapprochées et souvent brisées, à
angles saillants, ordinairement lisses et glabres.
Souche compacte, à stolons radicants presque nuls.
Racine filiforme, grisâtre. Plante de 1 à 2 déc.,
d'un vert blanchâtre.

Cette espèce croît aux environs de Serres et de
Laragne (Hautes-Alpes), d'où je l'ai rapportée vivante
dans mon jardin. Elle fleurit en juillet. Elle est très-
reconnaissable à sa panicule très-ample, occupant
presque toute la tige, et égalant en largeur la hauteur de celle-ci; ses rameaux divergents, raides et
entre-croisés; ses pédicelles peu divariqués; ses
fleurs très-blanches à lobes presque mutiques; ses
fruits assez gros et son feuillage blanchâtre. Elle ne
peut être confondue au premier aspect avec aucune
des espèces précédentes. Les anthères sont d'un beau

jaune et ovales. Les styles sont d'un vert blanchâtre et très-courts. La corolle a l'ombilic peu déprimé, et les lobes dépassent deux ou trois fois l'ovaire qui est ovale et non rétréci à la base.

Galium papillosum Lap.

Panicule très-ample, obliquement ovale; rameaux nombreux dressés-étalés, rigides, terminés par des corymbes à divisions dressées-étalées et à fleurs assez rapprochées. Pédicelles fructifères dressés, peu étalés. Corolle petite très-blanche; à lobes elliptiques oblongs terminés par une pointe presque nulle. Fruit rembruni, finement granulé, assez petit. Feuilles verticillées par 8-10, linéaires ou oblongues-linéaires, mucronées, étalées ou réfléchies, à nervure dorsale saillante, à bords rudes munis de petits aiguillons étalés, d'un vert blanchâtre très-clair, glabres, souvent très-rudes sur la face supérieure ou hispidules dans le bas, couvertes, surtout les feuilles anciennes, de petites papilles blanches très-brillantes. Tiges paniculées presque dès la base, souvent nombreuses et entre-croisées, couchées et filiformes à leur base, dressées-étalées, contournées, assez raides, à articulations éloignées, souvent brisées dans le bas, à angles saillants lisses ou très-rudes, glabres et luisantes, ou pubescentes vers la base comme les feuilles. Souche compacte, rarement un peu radicante.

Racine brune, filiforme. Plante de **2** à **3** déc., d'un
vert blanchâtre, luisante.

Cette espèce est fort commune dans les Pyrénées-
Orientales, où elle croît dans les lieux secs et pierreux des terrains calcaires. Je l'ai récoltée notamment
à la Trancade d'Ambouilla près Villefranche, où
elle a été indiquée par Lapeyrouse. Elle fleurit en
juin. Elle se distingue du *G. intertextum* en ce qu'elle
est plus robuste, plus allongée et moins ramassée
dans toutes ses parties. Les rameaux de la panicule
sont fort longs, toujours dressés-étalés et moins
composés. Les feuilles dépassent souvent 2 cent.
en longueur, tandis que dans l'*intertextum* elles
atteignent rarement 1 cent.; elles sont aussi plus
larges; leur nervure est plus saillante et leurs bords
sont plus rudes; leur surface est couverte de papilles
bien plus visibles et plus blanches. Toute la plante
est plus luisante. C'est sans contredit une belle et
bonne espèce qui était assez clairement indiquée
dans Lapeyrouse, Abr. Pyr. p. 66, pour ne pas
mériter l'oubli dans lequel elle est tombée.

Galium sylvestre Poll.

Panicule irrégulière, obliquement ovale-oblongue; rameaux dressés-étalés, écartés, peu nombreux,
peu composés, terminés par des corymbes dressés,
à fleurs rapprochées et assez denses. Pédicelles

10

fructifères dressés - étalés, assez courts. Corolle blanche, à lobes étalés, ovales, aigus. Fruit rembruni, légèrement granulé, assez petit. Feuilles verticillées par 7-8, d'abord dressées, puis étalées, linéaires, mucronées, assez minces, à nervure dorsale fine et saillante, à bords munis de petits aiguillons souvent nuls dont les inférieurs sont dirigés en bas, d'un vert clair, finement pubescentes, surtout dans le bas, ou glabres. Tiges grêles, allongées, diffuses, couchées et filiformes à la base, ascendantes un peu flexueuses, redressées au sommet, à angles très-fins, souvent un peu renflées aux articulations, finement pubescentes dans le bas ainsi que les feuilles, ou entièrement glabres. Souche grêle, un peu radicante. Racine filiforme, peu rameuse, garnie, ainsi que le bas de la souche et les stolons, d'un amas de fibres capillaires d'un brun rougeâtre. Plante de 2 à 3 déc., pubescente ou glabre.

Il est commun à Lyon et dans tout le nord de la France, d'où je l'ai reçu de nombreuses localités ainsi que de l'Allemagne ; mais on ne le trouve pas fréquemment dans les régions méridionales de la France, où il est remplacé par de nombreuses espèces qui seraient depuis longtemps connues et décrites pour la plupart si elles existaient également dans les contrées du nord. Il fleurit en juin, et vient dans les lieux secs, parmi les bois. La corolle est d'un blanc pur, à lobes étalés, mais non déjetés.

Les anthères sont assez grosses et d'un beau jaune.
Les styles sont assez courts, profondément séparés,
d'abord rapprochés puis un peu écartés, à stigmates
larges et arrondis. L'ovaire est arrondi-obové, et
égale presque en longueur les lobes de la corolle,
avant leur épanouissement. Les feuilles sont étroites
et assez longues, mais plus courtes et plus larges
dans le bas, comme dans toutes les espèces. Les
tiges sont toujours diffuses et ascendantes; elles sont
quelquefois très-nombreuses, mais ne forment pas
des touffes inextricables comme dans plusieurs autres
espèces. Les caractères indiqués distinguent suffi-
samment cette plante de toutes celles que j'ai déjà
décrites. Elle ne peut être confondue avec les espèces dont la panicule est très-composée et dont
les fleurs très-petites et très-nombreuses sont disposées en corymbes diffus, telles que les *G. rubrum*
L. et *myrianthum* (N.) qu'on peut prendre pour types
parmi les espèces à corolles aristées, ou telles que
les *G. collinum* (N.) et *Timeroyi* (N.), parmi celles
dont la corolle est mutique. Elle est certainement
plus voisine des *G. intertextum* (N.) et *papillosum*
Lap.; mais ces plantes ont un port et un aspect si
différents, que je ne crois pas qu'on puisse les confondre avec elle, pour peu qu'on les observe avec
attention et sur des exemplaires un peu complets.

J'ai reçu de M. Thomas, sous le nom de *G. sylvestre* Poll. var. *glabrum* et var. *austriacum*, prove-

nant des environs de Bex (canton de Vaud), plusieurs exemplaires d'un *Galium* qui me paraît une
espèce distincte du *G. sylvestre* Poll. et que je nommerai *G. Thomasi*. Sa panicule forme une grappe
allongée, assez régulièrement décroissante au sommet, ce qui lui donne quelque ressemblance avec le
G. concinnum (N.). Les rameaux sont dénudés à
la base, racémiformes au sommet, et les petits corymbes terminaux sont rapprochés et très-denses.
Les pédicelles fructifères sont très-courts et fort peu
étalés. La corolle paraît très-blanche, plus petite
que celle du *sylvestre*, à lobes simplement aigus. Les
feuilles sont verticillées par 8-10, dressées-étalées,
allongées, linéaires, assez étroites et égales dans
leur forme, peu épaisses, à nervure saillante, à bords
munis d'aiguillons fins courbés en dessus ou étalés,
finement pubescentes ou glabriuscules. Les tiges
ont le port du *G. sylvestre* et paraissent également
diffuses et ascendantes, mais elles sont plus allongées, à angles plus saillants, et de même un peu
rudes et finement pubescentes. Je n'ai pas vu la racine. Cette plante qui est caractérisée surtout par
la forme de sa panicule, la petitesse et la disposition
de ses fleurs, et par ses feuilles étroites et nombreuses, sera retrouvée probablement sur quelques points
des montagnes du Dauphiné.

Galium commutatum (N.).

Panicule assez ample, obliquement ovale ; rameaux dressés-étalés, terminés par des corymbes
assez ouverts et à fleurs nombreuses un peu écartées. Pédicelles fructifères assez étalés, courts. Corolle très-blanche, assez petite, à lobes ovales-oblongs
très-étalés, un peu déjetés, terminés par une pointe
assez prononcée. Fruit à la fin d'un gris noirâtre, un
peu chagriné, de grosseur moyenne. Feuilles verticillées par 7-8, dressées-étalées, étroites, linéaires,
acuminées, mucronées, assez épaisses, à nervure
dorsale large non saillante à l'état frais et un peu
relevée à l'état sec, à bords presque entièrement
lisses, d'un beau vert, ordinairement très-glabres.
Tiges nombreuses, diffuses, couchées et filiformes à
la base, ascendantes redressées, à nœuds peu ren-
flés, à angles assez saillants, un peu luisantes, presque toujours entièrement lisses et glabres. Souche
grêle, un peu radicante. Racine filiforme. Plante de
1 à 2 déc., d'un vert gai, un peu luisante.

Cette espèce vient à Lyon, dans les pâturages secs
et parmi les bois. Elle est probablement très-répandue et confondue avec le *G. sylvestre* Poll. Elle
fleurit en juin. Ses fleurs sont plus nombreuses que
dans le *sylvestre*, et moins ramassées. La corolle est
un peu plus petite, à lobes plus visiblement mucro-

nées, à ombilic plus déprimé, ce qui lui donne une forme moins rotacée. Les anthères sont d'un jaune plus pâle, et moins arrondies. Les stigmates sont de moitié plus petits. Les feuilles sont d'un plus beau vert, plus étroites et plus courtes, bien plus épaisses, à nervure nullement saillante sur le frais, et dans cet état paraissant occuper plus de la moitié du limbe. Les tiges sont lisses et luisantes, plus redressées et plus basses que dans le *sylvestre*. Ces deux plantes cultivées l'une à côté de l'autre conservent un aspect très-distinct et présentent des différences notables dans tous leurs organes.

Galium lǽve Thuil.

Panicule appauvrie, irrégulière, oblique ; rameaux dressés-étalés, flexueux, terminés par des corymbes lâches pauciflores. Pédicelles fructifères dressés, un peu étalés, assez longs. Corolle assez grande, très-blanche ; à lobes ovales-elliptiques terminés par une pointe très-courte. Fruit à la fin d'un gris noirâtre un peu chagriné, assez gros. Feuilles verticillées par 6-7, très-étalées ou réfléchies, linéaires ou oblongues-linéaires, mucronées, assez minces, à nervure dorsale peu épaisse et saillante vers le bas, lisses sur les bords ou munies de quelques cils rares, d'un beau vert, ordinairement très-glabres. Tiges diffuses, couchées et filiformes à la base, ascendan-

tes, redressées, souvent brisées, mais peu renflées
aux articulations, ordinairement très-lisses. Souche
grêle, stolonifère, peu compacte. Racine d'un brun
rougeâtre. Plante de 1 à 2 déc., glabre et un peu
luisante.

Il croît aux environs de Lyon, sur les collines et
parmi les bois. Je l'ai récolté sur divers points de
la France centrale et aux Pyrénées. Il fleurit en
juin. Les rameaux de la panicule sont très-peu composés. La corolle est étalée en roue régulièrement,
n'étant ni relevée ni déprimée à l'ombilic ; les lobes
sont à la fin un peu convexes. Les anthères sont ovales et d'un jaune pâle. Les styles sont dressés et
rapprochés. Les feuilles sont rarement au nombre
de 8, le plus souvent 6 aux verticilles, et la plupart
réfléchies. Thuilier dit les feuilles *suboctonées*, ce
qui va mieux au *G. sylvestre* et au *G. commutatum*. Malgré cela, je ne doute pas que cette plante
ne soit bien celle qu'il ait voulu décrire, étant pauciflore et à feuilles assez larges, comme il le dit dans
sa description. Elle se distingue du *G. commutatum*
et du *G. sylvestre* en même temps par sa panicule
pauciflore, à rameaux plus flexueux, à pédicelles
plus allongés, et à fleurs plus grandes. Ses fruits
sont aussi plus gros que dans ces deux espèces. Ses
feuilles sont un peu moins nombreuses, plus larges,
plus souvent réfléchies, moins aiguës au sommet et
à pointe plus courte, rétrécies davantage à la base.

Les anthères sont d'un jaune plus pâle que dans le *G. sylvestre* et plus grosses que dans le *G. commutatum*. Les stigmates sont plus larges que dans ce dernier et plus rapprochés. Les feuilles sont aussi moins épaisses et bien moins acuminées.

Ces trois espèces sont très-voisines et souvent difficiles à distinguer sur le sec, lorsqu'on n'observe que des fragments incomplets ; mais elles sont certainement différentes. Ce qui ajoute à la difficulté qu'on peut éprouver à les distinguer, c'est qu'il existe encore d'autres espèces que l'on confond avec elles dans les herbiers, et que je ne crois pas encore assez bien connaître pour les signaler ici, ne voulant pas mêler le certain à l'incertain.

GALIUM ARGENTEUM Vill.

Panicule régulièrement ovale ou souvent resserrée, très-ferme ; rameaux dressés-étalés, raides, terminés par des corymbes assez ouverts à fleurs un peu lâches. Pédicelles fructifères dressés-étalés, assez longs. Corolle blanche, assez grande, un peu concave ; à lobes très-étalés, ovales-oblongs, acuminés sans arête. Fruit rembruni, finement granulé, assez gros. Feuilles verticillées par 6-8, très-étalées, linéaires ou oblongues-linéaires, fermes, mais peu épaisses, à nervure dorsale très-saillante à l'état frais ; à bords rudes, munis d'aiguillons épars,

les inférieurs tournés en bas , allongés très-fins et
très-aigus ou avortés et presque nuls; d'un beau vert
clair, souvent un peu rudes sur la face supérieure,
presque toujours très-glabres , couvertes de petites
papilles luisantes et un peu jaunâtres. Tiges disposées
en touffes lâches, dressées-étalées presque dès la base,
un peu flexueuses, mais raides, jamais diffuses, à angles saillants , glabres et luisantes comme les feuilles, quelquefois un peu rudes dans le bas. Souche petite, rameuse, légèrement radicante. Racine
filiforme, grisâtre. Plante de 2 déc., élégante, glabre
et luisante.

Cette belle espèce vient dans les Hautes-Alpes. Je
l'ai du col du Lautaret, du Mont-Aurouse et de
Rabou près Gap d'où je l'ai rapportée vivante dans
mon jardin. Elle fleurit en juin. Les corolles ne sont
pas d'un blanc très-pur ; elles paraissent un peu
concaves , étant notablement déprimées à l'ombilic ;
les lobes se déjètent un peu en dehors vers la pointe.
Les anthères sont grosses, d'un très-beau jaune.
Les styles sont divergents à partir du milieu et soudés en dessous. L'ovaire est arrondi-obové , deux
fois plus court que les lobes de la corolle. Les feuilles
sont plus ou moins étroites , rigidules; elles paraissent veinuleuses à l'état frais ; les papilles dont leur
surface est couverte sont brillantes , mais moins
blanches que dans le *G. papillosum*. Lap. Les tiges
sont assez égales, et ne sont pas couchées et allon-

gées dans leur partie inférieure, comme dans beaucoup d'autres espèces, mais partent assez brusquement d'une souche rameuse.

Le *G. argenteum* me paraît assez bien décrit et
très-reconnaissable dans Villars, Flore du Dauph.
2, p. 318. Seulement les rameaux de la panicule
sont souvent plus écartés qu'il ne le dit, surtout
sur les exemplaires cultivés. On rapporte généralement la plante de Villars, en synonyme, au *G. alpestre* R. et Sch. — *sylvestre* var. *alpestre* Gaud.,
mais j'ai lieu de croire que ce rapprochement est
très-inexact, et je pense que ceux qui liront avec
attention les descriptions données par Villars, de-
meureront convaincus, comme moi, que son *G. argenteum* est une tout autre plante que le *G. alpestre*, tandis que son *G. anisophyllum* est absolument
la même chose que cette dernière espèce. Avant
d'indiquer ses caractères, je vais d'abord donner la
description d'une espèce des Pyrénées qui me paraît
devoir être placée entre le *G. argenteum* Vill. et le
G. anisophyllum Vill.

Galium Lapeyrousianum (N.).

Panicule étroite et courte, obliquement ovale-
oblongue, racémiforme; rameaux courts, peu nombreux, à fleurs disposées en corymbes très-irrégu-
liers et très-denses. Pédicelles fructifères dressés,
rapprochés. Corolle blanchâtre, assez grande ; à

lobes étalés, ovales oblongs, terminés par une pointe très-courte. Fruits brunâtres, presque lisses, très-finement chagrinés, de grosseur moyenne. Feuilles verticillées par 7-9, dressées-étalées, linéaires ou elliptiques-linéaires, mucronées, à nervure dorsale un peu saillante, à bords rudes très-garnis d'aiguillons aigus la plupart dirigés en haut, d'un vert peu foncé, couvertes d'une pubescence fine et molle ou souvent entièrement glabres. Tiges très-brièvement couchées à la base, dressées, assez fermes, paniculées seulement vers le haut, à angles assez fins, très-souvent rudes et pubescentes surtout dans le bas, quelquefois lisses. Souche grêle, ramifiée, brièvement radicante. Racine filiforme, grisâtre. Plante de 1 à 2 décim., pubescente ou glabriuscule.

Cette espèce est très-commune dans les Hautes-Pyrénées où je l'ai récoltée dans presque toutes les localités que j'ai visitées, notamment aux environs de Barège, au pic d'Ereslid, au pic de Midi, à Gavarnie, etc. Elle me paraît surtout remarquable par ses fleurs très-serrées et disposées comme en ombelle au sommet des rameaux de la panicule qui sont peu allongés et n'occupent que la partie supérieure de la plante. Les feuilles sont moins étalées que dans l'*argenteum* et n'ont jamais le même éclat ni le même vert, lors même qu'elles sont glabres. Les tiges ont les angles moins saillants. Les fleurs et les fruits sont bien plus rapprochés. Toute la plante a un aspect très-différent.

Cette plante est sans aucun doute le *G. pusillum*
Lap. Abr. Pyr. p. 63, car il est fort commun dans
les localités qu'il indique. Il a bien les tiges simples
et droites, les feuilles octonées nervées aristées,
comme il le dit. Il est velu ordinairement, avec une
variété glabre, ainsi qu'il l'observe. C'est donc bien
certainement sa plante, mais non le *G. pusillum* L.
qui est une toute autre plante; c'est pourquoi j'ai
cru devoir le nommer *G. Lapeyrousianum*.

GALIUM ANISOPHYLLUM Vill. Pl. 6, fig. B. 1 à 5.

Panicule obliquement ovale; rameaux dressés-étalés, les inférieurs allongés, souvent presque de niveau
avec les supérieurs, terminés par des corymbes ombelliformes à fleurs assez rapprochées. Pédicelles
fructifères dressés, un peu étalés. Corolle d'un blanc
pur, assez grande, très-plane; à lobes larges, ovales,
terminés par une pointe très-courte. Fruits brunâtres, presque lisses, assez gros. Feuilles verticillées par
6-8, assez étalées, elliptiques-linéaires, très-rétrécies
du bas, brièvement mucronées, à nervure dorsale
très-fine et non saillante, à bords lisses ou munis de
quelques cils épars dressés ou quelquefois tournés
en bas, d'un beau vert, devenant jaunes ou un peu
noirâtres en séchant, très-glabres. Tiges couchées et
filiformes à la base, redressées, rigidules, paniculées
souvent dès leur partie inférieure, à angles assez sail-

lants, très lisses. Souche grêle, rameuse, un peu radicante. Racine filiforme. Plante de 1 à 1 1/2 décim., très-glabre, devenant jaunâtre ou un peu noire en séchant.

Il est fort commun dans les Alpes, aux environs de Grenoble et de Gap. Je l'ai recueilli notamment à la Grande-Chartreuse où il abonde. Il fleurit en juin et juillet. La corolle est ouverte en roue exactement, et très-plane. Les anthères sont d'un jaune très-pâle, presque blanches. Les styles sont courts, à la fin un peu divergents. Les feuilles sont assez épaisses et point veinuleuses à l'état frais, mais paraissent minces après la dessiccation ; elles sont planes en-dessus avec un très-léger sillon depuis la base jusqu'aux deux tiers de leur longueur ; la nervure dorsale n'est un peu visible que sur le sec et seulement vers la base. Les jeunes feuilles noircissent un peu en séchant, tandis que les feuilles plus anciennes restent jaunâtres. Le nombre des feuilles varie de 6 à 8, mais l'on trouve des individus où il n'y en a pas plus de 6 à chaque verticille.

Les *G. argenteum* Vill., *Lapeyrousianum* (N.) et *anisophyllum* Vill. sont sans contredit trois bonnes espèces. J'ai cultivé l'*argenteum* et l'*anisophyllum*, et leur aspect, comme leurs caractères, m'a paru bien tranché. Le *G. anisophyllum* est fort voisin du *G. Lapeyrousianum*, mais cependant très-facile à reconnaître à cause de son feuillage qui jaunit ou

noircit par la dessiccation. Sa panicule est plus ample, relativement à la hauteur de la tige, et les rameaux
inférieurs s'allongent bien davantage. Les fleurs sont
disposées en ombelles un peu moins denses, et les
pédicelles sont plus longs. Les feuilles sont très-dis-
tinctes par la nervure dorsale bien plus fine et la
pubescence paraissant constamment nulle. Elles sont
aussi plus inégales entre elles, moins rétrécies au
sommet et davantage à la base, à mucron plus court,
un peu moins nombreuses aux verticilles. Les tiges
sont également très-droites, mais plus longuement
couchées à la base et forment des touffes plus lâches; elles sont toujours très-lisses.

Le *G. anisophyllum* Vill. me paraît exactement la
même plante que le *G. sylvestre* var. *alpestre* Gaudin Fl. helv. 1, p. 429. Je crois que le *G. sudeticum*
Tausch, Flora vol. 18, p. 347, doit lui être rapporté,
d'après les exemplaires que j'ai pu examiner. Le
G. Bocconi All. Fl. ped. 24, doit être aussi, à mon
avis, rapporté au *G. anisophyllum* Vill., car l'auteur
lui indique pour localités les Alpes, et dit qu'il
abonde au Mont-Cenis, ce qui n'est pas vrai du
G. sylvestre Poll., ni du *G. læve* Thuil, ni des diverses espèces rapportées par les auteurs au *G. Bocconi* All. Plusieurs auteurs ont rapporté le *G. anisophyllum* Vill. au *G. læve* Thuil; mais le *G. læve*
est couché et diffus, et si l'on s'en tient à la description de Villars comme on doit le faire, on ne peut

159

hésiter à distinguer l'*anisophyllum* du *lœve*, puisque
d'après Villars le premier a les tiges droites, *caule
erecto*, et le second qui est le même que son *G. montanum* est *caule diffuso*. Dans la description de son
G. montanum il observe qu'il diffère du *G. anisophyllum* par ses tiges couchées par terre ou très-
inclinées, et par ses feuilles plus vertes et plus pointues ; ce qui est très-vrai du *G. lœve*. Je crois bien
que Villars a pu comprendre dans son *G. montanum*
le *G. sylvestre* Poll. et d'autres formes, mais la description qu'il donne convient assez bien au *G. lœve*.

J'arrive à la description d'une autre espèce Villar-
sienne qui, de toutes peut-être, a eu le plus malheu-
reux sort, puisqu'elle a été rapportée par nos auteurs à une espèce d'une autre section du genre,
quoique Villars ait donné sur elle des détails très-
circonstanciés.

GALIUM TENUE Vill. Pl. 6, fig. c, 1 à 5.

Panicule oblique, ovale-oblongue, racémiforme;
rameaux dressés, un peu étalés, à fleurs disposées
en petits corymbes très-inégaux et irréguliers. Pédicelles fructifères dressés, un peu étalés. Corolle blanche, petite, très-plane ; à lobes elliptiques-oblongs,
aigus. Fruit à la fin rembruni, presque lisse, petit.
Feuilles verticillées par 6-7, dressées-étalées, linéaires, mucronées, un peu épaisses, à nervure dorsale

assez large et un peu saillante vers la base, à bords
très-lisses, d'un vert clair, un peu luisantes et très-
glabres. Tiges grêles, couchées, filiformes et radicantes dans leur partie inférieure, redressées, rigidules, à angles assez fins, très-lisses et très-glabres.
Souche très-grêle, radicante. Racine filiforme, très-
menue.

Cette espèce croît sur les rochers des Alpes. Je
l'ai récoltée à la Grande-Chartreuse, au sommet du
grand Son où elle est indiquée par Villars, et au Col
du Lautaret. Je l'ai aussi trouvée dans les montagnes
du Bugey, au mont Colombier (Ain).

Elle fleurit dans mon jardin vers la fin de juin,
comme le *G. anisophyllum*, et en juillet et août sur les
montagnes. Les rameaux inférieurs de la panicule
n'atteignent pas les supérieurs, et leur développement
est souvent très-inégal, plusieurs restant courts et
comme avortés. Les anthères sont d'un assez beau
jaune. Les styles sont assez allongés et soudés jusqu'au milieu. Les stigmates sont blanchâtres, très-
petits.

Le *G. tenue* Vill. me paraît très-voisin du *G. anisophyllum* Vill. et par conséquent n'avoir avec le
G. divaricatum Lam. auquel on l'a réuni d'autres
rapports que ceux du genre. Il se rapproche aussi
du *G. argenteum* Vill. et surtout du *G. Jussiæi* Vill.,
comme l'observe Villars. Cultivé à côté du *G. anisophyllum*, il se montre constamment plus petit et

surtout plus grêle dans toutes ses parties. Sa panicule est plus racémiforme, et les rameaux ne se nivel-
lent pas autant. Les fleurs sont un peu moins serrées
et moins nombreuses, de moitié plus petites environ,
à anthères jaunes et non blanchâtres, à styles plus
allongés. Les fruits sont plus petits. Les feuilles sont
moins étalées, moins inégales entre elles et plus
égales dans leur forme, plus aiguës au sommet et
terminées par un mucron du double plus allongé ;
leur nervure est bien plus épaisse et très-luisante ;
leur couleur se conserve en séchant ou jaunit beaucoup moins. Les tiges sont de moitié moins épaisses
et tout-à-fait filiformes à la base ; elles sont souvent
presque isolées parmi les rochers et dans la mousse;
mais dans un terrain plus fertile elles croissent en
touffe et sont assez nombreuses.

Le *G· Jussiæi* Vill. Dauph. 2, p. 323, n'est certainement pas la même plante que le *G. cæspitosum*
Ram. Ac. sc. 1826, p. 155. Ce dernier est une char-
mante espèce, commune sur les sommités pyré-
néennes, au Pic de Midi, et ailleurs aux environs de
Barèges et Cauterets, que je n'ai jamais rencontrée
dans les Alpes du Dauphiné, ni vue d'aucune localité de cette région. Elle est tout-à-fait naine et
semblable à une mousse, ses tiges étant couchées
et entre-lacées en touffes très-denses et très-molles;
elles se divisent en un grand nombre de petits rameaux qui sont couverts de feuilles à verticilles très-

11

rapprochés, et qui émettent à leur partie supérieure quelques pédoncules à une ou trois fleurs souvent presque dépassés par les feuilles. Celles-ci sont très-étroites et très-acuminées, fort petites, assez épaisses à l'état frais, très-minces et molles à l'état sec, à nervure dorsale très-fine à peine un peu saillante tout-à-fait à la base, d'un beau vert, devenant jaunes et noirâtres par la dessiccation comme dans l'*aniso-phyllum*, glabres et luisantes. Il me semble que jamais Villars n'aurait pu dire de cette plante qu'elle a les fleurs en ombelle ni qu'elle ressemble au *G. tenue*, car elle ne lui ressemble pas du tout. J'ai trouvé au col du Lautaret, au Mont-Cenis, le long des torrents au Bourg-d'Oisans, à Briançon et dans le Queyras, une forme du *G. tenue* à fleurs un peu plus ramassées, à feuilles un peu plus nombreuses aux verticilles et paraissant véritablement convexes des deux côtés, même à l'état sec, à cause de leur consistance épaisse et de la nervure qui ne se détache pas du limbe. A mon avis, cette plante n'est que le *G. tenue* des Alpes granitiques. Je crois aussi que c'est le *G. Jussiœi* Vill. parce que je n'ai vu des localités citées par Villars aucune autre plante qui puisse répondre mieux à la description et à la figure qu'il a données. Cette figure, selon moi, n'offre aucune ressemblance, quant à la disposition des fleurs, avec le *G. cœspitosum* Ram.

Le *G. tenue* Vill., surtout la forme qui est le *G.*

Jussiæi Vill, marque le passage du *G. anisophyllum*
Vill. au *G. pumilum* Lam. ; mais il est également
très-distinct de l'un et de l'autre.

Le *G. pumilum* Lam. se présente sous deux formes. La première, qui est le *G. pusillum* L. Sp. 154,
habite les montagnes escarpées du midi de la Provence aux environs de Marseille et de Toulon. La
seconde qui est le *G. hypnoïdes* Vill. Dauph. 2, p.
323, croît dans les Alpes de la Provence et du Dauphiné. Je l'ai récoltée au mont Ventoux, au mont
Aurouse,etc. La première n'est pas toujours hispide,
comme elle est décrite dans Linné; mais ses feuilles
sont le plus souvent munies sur leurs bords d'aigui-
lons épars, très-aigus, courbés en bas; elles sont
verticillées par 7, linéaires-sétacées ou elliptiques-
linéaires dans le bas, très-petites, longues de 2 à 5
mill. , à nervure dorsale épaisse et très-saillante,
longuement aristées au sommet. Les tiges sont couchées à la base et redressées, très-nombreuses, formant d'amples gazons sur les rochers, terminées par
des grappes courtes ombelliformes. Les fleurs sont
blanches, fort petites. Les styles sont très-courts.

La seconde forme est d'un vert plus jaunâtre.
Les tiges sont très-denses et plus rigides. Les feuilles sont plus rigides, un peu plus longues; leur
nervure est encore plus épaisse et occupe une grande
partie du limbe; la pointe qui les termine est plus
longue; leur bord est presque toujours lisse ainsi

que toute la plante. Les fleurs sont plus grandes
et moins nombreuses, et portées sur des pédicelles
plus allongés. Les styles sont plus longs, et les fruits
paraissent plus gros. La souche paraît plus compacte
et n'émet aucun stolon. La racine est un peu moins
grêle. Malgré les différences que je viens d'énumérer,
ces deux plantes se ressemblent tellement que je doute
qu'elles fassent deux espèces distinctes. C'est une question qui ne pourra être résolue que par la culture
dans des conditions identiques et l'étude sur le frais.

Le *G. pyrenaicum* Gou. est très-voisin du *G. pumilum* Lam., mais bien caractérisé par ses pédoncules uniflores, plus courts que les feuilles qui
dépassent souvent la fleur et dont la nervure est fine
très-peu saillante. On pourrait plus facilement le
confondre avec le *G. cœspitosum* Ram. dont j'ai
parlé tout-à-l'heure et qui lui ressemble beaucoup.
Ce dernier est beaucoup plus grêle, plus couché,
et à fleurs plus nombreuses; il noircit en séchant,
tandis que le *G. pyrenaicum* devient d'un jaune très-
clair presque argenté.

Il me reste, pour terminer cette revue des espèces de la section *Eugalium*, peu de choses à dire
des *G. helveticum* Weig., *Villarsii* Req. et *harcynicum* Weig., qui sont des espèces fort distinctes
et généralement bien connues.

Le *G. helveticum* Weig. est remarquable par ses
fleurs d'un blanc jaunâtre, peu nombreuses, dispo-

sées en petites ombelles qui dépassent à peine les feuilles. Ses fruits sont plus gros que dans les espèces qui précèdent, à la fin rembrunis , et presque lisses. Ses feuilles sont planes, assez larges, souvent obtuses au sommet, légèrement mucronées ou presque mutiques , un peu charnues, à nervure très-fine et peu visible , à bords munis de petits cils épars et étalés. Ses tiges sont très - rameuses , couchées et rampantes , les florifères un peu redressées, ordinairement lisses et glabres. Quoique les tiges soient souvent radicantes à leur partie inférieure , elles partent toutes d'un même point au collet de la racine , et la souche est très-compacte. La racine est assez épaisse et dure. Il est ordinairement très-petit sur les rochers, mais il s'allonge beaucoup parmi les graviers des montagnes et le long des torrents. J'en ai récolté au Col de l'Arche (Basses-Alpes) des exemplaires dont les tiges ont près de 2 déc. de long et forment des touffes de 4 déc. de diamètre ; elles sont un peu rudes comme le bord des feuilles. Les exemplaires récoltés dans les montagnes granitiques conservent ordinairement leur couleur verte en séchant; mais ceux des montagnes calcaires jaunissent ou même noircissent un peu, ce qui les fait ressembler à ceux du *G. anisophyllum* Vill. Ils sont alors probablement le *G. baldense* Spreng. qui ne me semble différer du *G. helveticum* que par la couleur qu'il prend en séchant.

Le *G. Villarsii* Req. a comme le *G. helveticum* es
fleurs disposées en petites ombelles très-courtes qui
dépassent à peine les feuilles, et qui sont formées
de deux ou trois pédoncules inégaux terminés cha-
cun par une, deux ou trois fleurs. La corolle est
blanche, grande, à lobes elliptiques-oblongs. Les
anthères sont d'un jaune pâle et oblongues. Les styles
sont séparés jusqu'au-delà du milieu et fort courts.
Le fruit est lisse, et du double plus gros que celui
de l'*helveticum* qui est déjà très-gros. Les feuilles
sont verticillés par 6, linéaires, très-épaisses, comme
charnues, à nervure peu visible, terminées par une
pointe calleuse, lisses et glabres. Les tiges sont très-
rameuses, filiformes et longuement rampantes dans
leur partie inférieure, redressées au sommet, grêles,
flexueuses, très-lisses. La souche est très-rampante
et ligneuse. La racine est filiforme, mais assez forte.
Toute la plante est glabre et devient noirâtre en séchant. Il vient parmi les menus débris des rochers,
vers le sommet des grandes montagnes calcaires du
Dauphiné et de la Provence, au Mont-Aurouse (Hautes-Alpes), au Glandas près Die (Drôme), au mont
Ventoux (Vaucluse), etc. Le *G. cometerrhizon* Lap.
me parait la même plante à fleurs plus petites et à
feuilles plus courtes.

Le *G. harcynicum* Weig. a les fleurs blanches disposées en petites grappes composées, terminales. Les
fruits sont granulés d'une manière très-visible. Les

feuilles sont ovales ou spatulées, obtuses, mucronées, minces, à nervure fine, à bords munis d'aiguillons. Les tiges sont très-rameuses, couchées sur
terre, ou redressées quand elles doivent fleurir. Toute
la plante est glabre, et noircit en séchant. Cette espèce me paraît marquer le passage de la section
Eugalium à la section *Aparine*.

En considérant les espèces françaises de la section
Eugalium que je viens de décrire sous le rapport de
l'ensemble des caractères et du facies, on peut les dis-
tribuer en dix groupes disposés de la façon suivante:

1. *sylvaticum* L., *lœvigatum* L.

2. *elatum* Thuil., *erectum* Huds., *corrudœfolium* Vill., *cinereum* All., *venustum* (N.).

3. *corsicum* Spreng, *rubrum* L., *rubidum* (N).
Prostii (N.), *myrianthum* (N.). *luteolum* (N.). *al-
picola* (N.), *brachypodum* (N.). *lœtum* (N).

4. *collinum* (N.), *scabridum* (N.), *Timeroyi* (N.).
implexum (N.).

5. *intertextum* (N.), *papillosum* Lap.

6. *Thomasi* (N.). *sylvestre* Poll., *commutatum*. (N),
lœve Thuil.

7. *argenteum* Vill., *Lapeyrousianum* (N.), *anisophyllum* Vill., *tenue* Vill.

8. *pumilum* Lam., *pyrenaicum* Gou., *cœspitosum* Ram.

9. *helveticum* Weig., *Villarsii* Req.

10. *harcynicum* Weig.

La section *Aparine* du genre *Galium* est caractérisée, selon l'observation de M. Tausch, dans le
Flora od. bot. Zeit. vol. 18,. p. 338, par l'évolution
des fleurs qui a lieu d'une manière successive à
partir du bas de la grappe, les fleurs les plus inférieures s'épanouissent les premières ; mais ce caractère ne me paraît pas très-marqué chez le *G. palustre* L. et quelques autres espèces dont les fleurs
se développent à peu près comme chez celles de la
section *Eugalium*.

Les *Aparine* forment plusieurs groupes très-naturels. Le premier qu'on pourrait nommer *Aparinoïdes* comprend des espèces vivaces dont l'inflorescence
est généralement paniculée. Il n'est représenté dans
nos flores que par deux espèces : le *G. palustre* L.
et le *G. uliginosum* L. Mais il est évident, pour celui qui ne se borne pas à étudier les plantes seulement dans les livres, qu'il en renferme un plus
grand nombre. Nos auteurs n'ayant pu les distinguer, ont imaginé, pour tirer d'embarras les Botanistes et peut-être aussi pour masquer leur igno-
rance, d'attribuer au *G. palustre* L. une faculté de
varier exceptionnelle. Cette supposition gratuite une
fois admise comme une vérité, on est porté naturellement à négliger ce qui devrait être le sujet des
études les plus intéressantes ; car pour l'observateur
qui cherche avant tout la fixité, rien n'est fasti-
dieux comme l'étude des formes qui n'en présen-

tent aucune. C'est ainsi qu'en faisant passer une manière de voir, une hypothèse, pour un fait, on anéantit tout progrès dans la science.

Le *G. palustre* L. se présente à Lyon, et probablement partout, sous deux formes qui sont deux espèces distinctes. L'une plus grêle est le véritable *G. palustre* L.; l'autre plus robuste, qui est le *G. palustre* var. *elatius* de nos flores, me paraît la même plante que le *G. elongatum* Presl. — *maximum* Moris. Ces deux plantes sont très-communes et croissent souvent pêle-mêle dans les fossés et les marécages. Je les ai observées notamment l'une et l'autre dans des mares, aux Charpennes près Lyon, où elles croissent ensemble, à découvert, et en immense quantité. Le *G. palustre* était en pleine fleur, tandis que l'autre espèce n'offrait pas une seule fleur épanouie. Quelque temps après, étant retourné au même lieu, j'ai trouvé le *G. elongatum* en pleine fleur; mais le *G. palustre* avait comme complètement disparu, ses tiges n'offrant pas une fleur ouverte et étant cachées sous les touffes beaucoup plus élevées du *G. elongatum*. La conclusion évidente de ce fait était que les deux formes étaient deux véritables espèces. Aussi, (comme cela ne pouvait manquer d'arriver) la culture par semis est venue à l'appui de cette conclusion. Les deux plantes se sont montrées invariables dans leurs caractères, et m'ont paru différentes dans toutes leurs parties.

Le *G. palustre* peut être ainsi caractérisé : Panicule grêle, lâche, allongée, un peu flexueuse ; rameaux d'abord dressés, puis étalés à angle droit, à la fin déjetés, terminés par de petites grappes d'abord dressées, corymbiformes, à la fin très-diffuses, divariquées et comme tronquées en dessus. Pédicelles fructifères étalés à angle droit. Fruit brun, finement chagriné, petit. Corolle blanche, assez petite, planiuscule ; à lobes ovales-elliptiques, aigus. Feuilles verticillées par 4-5, étalées, courtes, elliptiques-oblongues, plus ou moins larges, minces, à nervure très-faible, lisses ou un peu rudes en dessus et sur les bords, très-glabres, d'un vert clair, devenant noirâtres en séchant. Tiges grêles, très-nombreuses, dressées, flexueuses, couchées et un peu rampantes à la base, lisses ou un peu rudes sur les angles. Souche très-grêle, rameuse et radicante. Plante de 2 à 4 déc.

Le *G. elongatum* Presl. diffère du précédent par la panicule plus ferme, à rameaux à la fin très-étalés, mais non déjetés ; les corymbes à la fin diffus mais non tronqués supérieurement, les branches n'étant pas déjetées. La corolle est du double plus grande. Les fruits sont plus gros du double, plus fortement chagrinés, et d'un brun légèrement purpurin. Les feuilles sont plus grandes et plus allongées dans leur forme, elliptiques-linéaires, verticillées par 4-6, à nervure plus saillante, à bords souvent très-rudes et munis de deux rangs d'aiguillons tournés les uns en haut et les autres en bas. Les tiges sont faibles, mais bien plus épaisses et plus allongées, atteignant depuis 3 jusqu'à 10 déc.; elles sont bien plus longuement rampantes à la base, et viennent en touffes moins denses. La souche est très-radicante et moins grêle.

Ces deux espèces fleurissent depuis la fin de mai jusqu'en août, selon le lieu où elles croissent. Mais le *G. elongatum* Presl. est plus tardif d'au moins trois semaines, lorsqu'il est placé dans les mêmes conditions. Je l'ai observé non-seulement à Lyon, mais dans beaucoup de localités du midi de la France et en Corse. Le *G. maximum* Moris, d'après les échantillons de Sardaigne que j'ai pu examiner, me parait exactement la même plante.

J'ai reçu de M. Boreau, de beaux exemplaires du *G. constrictum* Chaub. — *debile* Desv., qui est, à mon avis, une bonne espèce, et non pas, comme on l'a dit souvent, une simple modification du *G. palustre* L., car il en est certainement plus éloigné que l'*elongatum*, et ce dernier est une espèce incontestable.

Je ne trouve presque rien à ajouter à la description de Chaubard, dans la Fl. ag. p. 66, pl. 2, qui me parait excellente. D'après cet auteur, le *G. constrictum* diffère du *G. palustre* principalement par les tiges plus fermes; les feuilles linéaires très-étroites, verticillées par 6 ; les fleurs un peu concaves, purpurines en dessous; les pédicelles plus courts et les fruits agglomérés.

J'ai récolté dans les marécages des bords de la mer, à Hyères (Var), aux environs de Perpignan, et à Ajaccio (Corse`, un *Galium* très-distinct du *palustre* et de l'*elongatum*, mais fort voisin du *constrictum*. J'ai lieu de croire cependant qu'il en diffère assez pour être élevé au rang d'espèce. Les rameaux de la panicule (surtout les inférieurs) sont moins étalés; ils se terminent par des grappes corymbiformes à fleurs plus nombreuses et très-blanches. Les anthères sont de forme moins allongée, et les styles sont un peu moins divisés. Les fruits sont bruns, finement et régulièrement granulés, du double plus gros, et tout-à-fait agglomérés. Les feuilles sont de même forme, exactement linéaires, et verticillées par 4-6, mais constamment réfléchies, du double plus longues et plus larges, plus minces, à veines visibles, à nervure très-faible, à bords munis d'aiguillons rares et très-courts ou presque nuls. La tige est plus épaisse du double, et très-rampante à la base

Je nommerai cette plante *G. congestum*. Le caractère le plus saillant qu'elle me paraît offrir est celui des feuilles intermédiaires qui tombent en arrière et sont déjà complètement réfléchies, lorsqu'elle commence à fleurir, tandis que dans la plante des environs d'Angers elles sont d'abord dressées, puis éta-

lées, et ne sont un peu réfléchies que très-tard.
Cette dernière est beaucoup plus grêle, et ses fruits
sont très-petits. Malgré ces différences assez notables, je ne propose cette espèce qu'avec doute et
sous toutes réserves, car à la rigueur, il n'est pas
absolument impossible qu'elle ne soit autre chose
qu'un *G. constrictum* modifié par le climat du midi
ou plutôt par l'influence de l'eau salée. Autant on
est peu fondé à soutenir que des plantes qui paraissent différentes sont cependant les mêmes au fond,
lorsqu'elles croissent pêle-mêle ou dans des conditions identiques, autant il est raisonnable de sup-
poser qu'elles appartiennent à un même type, lorsqu'offrant beaucoup de similitude elles habitent des
milieux très-divers. On voit cependant des Botanistes, qui admettent sans aucune hésitation des espèces très-légères provenant de régions lointaines,
se montrer très-sévères pour des espèces légères qui
ont une commune patrie et croissent souvent dans
les mêmes lieux. C'est là, à mon sens, une sévérité
déplacée et souverainement illogique; car s'il est
possible que des espèces véritables habitant des climats différents présentent une grande affinité dans
leurs caractères, il devra en être de même, à plus
forte raison, de celles qui habitent un même climat.
Aussi, voyons-nous chaque groupe très-naturel de
plantes et d'êtres en général exister sur un point
particulier du globe où il est représenté par un

grand nombre d'espèces très-voisines. Vouloir, dans dans tous les cas analogues, expliquer la diversité des êtres cachée sous une apparente similitude par les circonstances extérieures , les influences locales, l'hybridité, c'est méconnaître cette tendance à l'unité dans la variété, cette loi d'harmonie qui est si manifeste dans toutes les œuvres de la nature et limiter la puissance créatrice selon nos conceptions, étroites dans l'intérêt de vains systèmes.

Il est probable qu'il existe encore en France d'autres espèces voisines du *G. palustre* L. Je ne connais pas le *G. pratense* Scheele, Linnæa, vol. 17, p. 340, qui, d'après la description, paraît très-voisin des *G. uliginosum* L. et *palustre* L.

Après le groupe que j'ai nommé *Aparinoïdes* , viennent les vrais *Aparine* qui peuvent offrir plusieurs subdivisions. Ce sont en général des espèces annuelles, à fleurs paniculées axillaires ou terminales. Plusieurs d'entre elles varient à fruits velus et à fruits glabres ; ce qui a été cause qu'une même espèce a pu être placée dans des sections différentes du genre, selon qu'elle se présentait avec le fruit glabre ou avec le fruit velu , tandis que des espèces distinctes étaient confondues parce que leur pubescence était la même. Parmi les espèces qui varient ainsi à fruits glabres ou velus, on peut citer les *G. parisiense* L., *divaricatum* Lam., *setaceum* Lam., etc.

Les *G. parisiense* L. et *divaricatum* Lam. , sont incontestablement deux bonnes espèces, d'un aspect
très-distinct, que l'on rencontre souvent pêle-mêle,
et qui, soumises à la culture se maintiennent invariables dans leur forme. Mais le premier a très-souvent le fruit glabre, et c'est alors le *G. anglicum*
Huds. Le second au contraire a très-rarement le
fruit velu, et dans cet état on le rapporte au *G. mi-
crospermum* Desf. qui est, je crois, une espèce différente. De Candolle a décrit le *G. parisiense* velu
sous le nom de *G. litigiosum*, et ne le distingue de
l'*anglicum* Huds. que par ce caractère unique du
fruit velu ; mais la figure qu'il a donnée de cette
plante dans ses Ic. rar. , p. 8. t. 26, ne me paraît
pas très-bien convenir au *G. parisiense* L. D'après
les observations que j'ai pu faire, j'ai lieu de croire
qu'il existe dans le midi de la France d'autres espèces qui sont peu communes ou que l'on confond
soit avec le *G. parisiense*, soit avec le *G. divaricatum*. Je vais indiquer les caractères de ces deux
plantes.

Galium parisiense. L.

Panicule étroite, oblongue ; rameaux peu inégaux, courts, étalés, un peu dressés ; terminés par
de petites grappes feuillées, penchées, à trois divisions très-inégales un peu fléchies, et à fleurs éga-

lement tournées en bas. Pédicelles fructifères dressés-étalés plus longs que les fruits. Corolle très-petite, un peu rougeâtre en dehors et sur les bords, verdâtre en dedans, planiuscule; à lobes étalés, ovales elliptiques, aigus, égalant la longueur de l'ovaire. Styles très-courts, écartés. Fruit brun, très-petit, très-finement granulé, glabre ou couvert de poils blancs très-étalés un peu courbés au sommet et plus courts que son diamètre. Feuilles verticillées par 6 ou rarement 7, d'abord étalées, puis réfléchies, oblongues-linéaires, aiguës, mucronées, à nervure dorsale fine et peu saillante, à bords très-rudes, munis d'aiguillons raides très-aigus et la plupart dressés, d'un vert assez clair ou à la fin un peu jaunâtres, rarement un peu noirâtres par la dessiccation. Tiges grêles, solitaires ou très-nombreuses, simples ou rameuses, ascendantes à la base, dressées, flexueuses, émettant des rameaux florifères dans la plus grande partie de leur longueur, quadrangulaires, rudes, à aiguillons courts et dirigés en bas. Racine grêle, annuelle, rougeâtre, simple ou ramifiée à quelque distance du collet. Plante de 1 à 3 déc.

Il vient sur les collines sèches et souvent dans les champs cultivés, et fleurit en juillet. On le trouve rarement à fruits velus aux environs de Lyon, où il est commun, mais il se présente assez fréquemment sous cette forme dans le midi de la France. Ses fleurs sont extrêmement petites et les lobes de la corolle se terminent par une petite pointe à peine visible à une forte loupe. Les anthères sont ovales, livides et à peine jaunâtres. Les stigmates ont le disque arrondi et plus petit que dans d'autres espèces. Toute la plante est fort grêle, même lorsqu'elle croît dans les champs cultivés.

Le *G. divaricatum* Lam est fort voisin du *G. parisiense* L., mais il s'en distingue par des caractères bien tranchés. D'abord la forme de la panicule est très-différente. Elle est ovale, très-ample; les rameaux sont moins étalés que dans le *parisiense*, mais beaucoup plus allongés et filiformes; les ramifications secondaires sont aussi très-allongées et inclinées en bas, mais les pédicelles restent courts, en sorte que les fleurs sont disposées en petits fascicules épars très-écartés. Cette forme de la panicule est caractéristique et suffit parfaitement pour ne jamais confondre ces deux plantes. Les lobes de la corolle sont plus étalés et un peu déjetés dans le *divaricatum*. Les feuilles sont constamment verticillées par 7 et non par 6, d'abord dressées, à la fin étalées, au lieu que dans le *parisiense* elles sont d'abord étalées, puis réfléchies; elles sont dans le premier plus larges dans le bas, plus étroites dans le haut, plus allongées; la nervure est plus épaisse et les bords sont garnis d'aiguillons plus fins; leur couleur est peu différente, et elles ont également une tendance à noircir par la dessiccation. Les tiges sont généralement plus fermes, dressées, peu ou point ascendantes à la base, peu nombreuses, le plus souvent solitaires, un peu rudes, presque lisses vers le haut. La racine est peu différente. La taille varie de 1 à 3 déc.

Une troisième espèce que j'ai observée dans plusieurs localités du midi de la France, et que j'ai reproduite de semis dans mon jardin, me paraît en partie le *G. litigiosum* D. C., car il ne me paraît pas possible de douter que De Candolle ne l'ait confondue avec le *G. parisiense* à fruits velus. En voici la description:

GALIUM DECIPIENS (N.).

Panicule oblongue ou ovale-oblongue; rameaux dressés-étalés, à fleurs disposées en grappes feuillées souvent allongées et peu inclinées. Pédicelles fructifères dressés-étalés, assez allongés, égalant deux ou trois fois la longueur du fruit. Corolle très-petite, d'un rouge violacé livide, à lobes à peine étalés en roue, ovales-oblongs, aigus, égalant l'ovaire. Styles assez courts, peu écartés. Fruit brun, assez petit, très-finement granulé, glabre ou tout couvert de poils blancs très-étalés oncinulés au sommet et plus courts que son diamètre. Feuilles verticillées par 6-8, d'abord étalées, ensuite réfléchies, oblongues ou elliptiques-linéaires, aiguës, mucro-

nées, à nervure dorsale un peu saillante, à bords
très-rudes munis d'aiguillons la plupart dressés, d'un
vert obscur, noircissant toujours un peu par la
dessiccation. Tiges ordinairement très-nombreuses,
diffuses, ascendantes, allongées, fermes ou un peu
flexueuses, longuement paniculées, quadrangulaires, rudes, à aiguillons courts et inclinés en bas.
Racine tortueuse, peu ramifiée. Plante de 3 à 5 déc.

J'ai observé cette espèce dans plusieurs localités
du midi, aux environs de Tarascon, Montpellier,
Cette, etc. Elle fleurit en juillet. Je l'ai rencontrée
tantôt à fruits glabres, tantôt à fruits velus. On ne
peut nier qu'elle ne soit très-voisine du *G. parisiense* ; mais il est certain qu'elle est différente, car ces
deux plantes cultivées l'une à côté de l'autre conservent tous leurs caractères.

Le caractère le plus saillant du *G. decipiens*
est d'avoir les tiges diffuses du double plus allongées et plus robustes que celles du *parisiense*,
lorsqu'elles croissent dans un même sol. En outre, les rameaux des tiges sont généralement
moins étalés et à divisions moins déjetées. Les
pédicelles sont plus longs et les fruits plus gros;
les poils qui les recouvrent très-souvent sont plus
évidemment oncinulés au sommet. La corolle est
plus grande d'un tiers, à lobes plutôt ovales qu'elliptiques et le plus souvent hispidules à l'extérieur.
Les anthères sont pâles et livides. Les styles sont

dressés, rapprochés, et le disque du stigmate est du double plus large. Les feuilles sont de forme peu différente, mais plus larges, moins aiguës et plus courtement mucronées, d'un vert moins clair, et noircissent bien davantage par la dessiccation ; elles sont aussi plus nombreuses aux verticilles, ordinairement 7, quelquefois 6 ou 8. Il ne peut être confondu avec le G. *divaricatum* Lam. qui est en-encore plus grêle que le G. *parisiense* et plus dressé.

Indépendamment de ces trois espèces, j'en ai récolté aux environs d'Antibes (Var) une quatrième qui est fort distincte et mérite par conséquent d'être signalée.

GALIUM TENELLUM (N).

Panicule très-grêle, pauciflore; rameaux capillaires peu nombreux, dressés-étalés, fléchis en dehors, peu divisés, terminés par 3 à 4 fleurs. Pédicelles fructifères étalés, allongés, capillaires. Corolle d'un blanc jaunâtre, très-petite; à lobes ovales, aigus, étalés, égalant à peine l'ovaire. Fruit très-petit, couvert de poils blancs oncinulés plus courts que la moitié de son diamètre. Feuilles verticillées par 6, étalées, puis réfléchies, ovales ou lancéolées-elliptiques, mucronées, très-minces, papyracées, veinuleuses, à nervure dorsale fine et un peu saillante vers le bas, à bords munis d'aiguillons allongés très-aigus dressés-étalés, d'un vert clair, noircissant très-légèrement par la dessiccation. Tiges très-grêles et très-faibles, simples ou ramifiées dès la base, diffuses, ascendantes, très-flexueuses, filiformes, à verticilles de feuilles très-écartés vers le haut, quadrangulaires, rudes, parsemées ainsi que les pédoncules et souvent les pédicelles, d'aiguillons assez allongés très-aigus et dirigés en bas. Racine annuelle, très-grêle. Plante de 1 à 2 déc., glabre et très-menue.

J'ai recueilli cette espèce sur les collines des terrains primitifs aux environs d'Antibes (Var). Elle fleurit en juin. Elle me paraît très-distincte des trois espèces que je viens de décrire. Elle est plus grêle que le *G. divaricatum* Lam.; son port est très-différent, ses tiges étant diffuses, très-flexueuses et pauciflores. Les pédicelles sont bien plus allongés que dans ce dernier. Je ne l'ai trouvée qu'à fruits velus. Les feuilles s'éloignent complètement de celles du *divaricatum*, étant plus minces, beaucoup plus larges, verticillées par 6 et réfléchies. La tige et les pédoncules sont très-garnis d'aiguillons, tandis que ceux-ci sont plus courts, plus rares et souvent nuls dans le *divaricatum*. Il s'éloigne aussi complètement par son port, son feuillage et la disposition de ses fleurs du *G. parisiense* L. Il est peut-être plus voisin du *G. decipiens*; mais il lui ressemble très-peu, étant bien

plus ténu dans toutes ses parties. Ses tiges sont beaucoup plus flexueuses, et ses rameaux sout capillaires
et pauciflores. Ses fleurs sont blanches et non rougeâtres. Ses feuilles sont moins nombreuses aux verticilles et plus larges.

Je ne m'arrêterai pas sur les autres espèces de la
section *Aparine*. Plusieurs varient à fruits velus et
à fruits glabres. Il est bien certain que le *G. aparine* L. se trouve dans ce cas; mais il n'est pas moins
certain pour moi que le *G. spurium* L. est une
bonne espèce constante par la culture, offrant aussi
des fruits glabres ou velus.

Les espèces de la section *Aparine* dont l'inflorescence est tout-à-fait axillaire servent de passage
à la section *Aspera* Mœnch. Je crois même que cette
section doit rentrer dans les *Aparine* dont elle diffère uniquement par l'inflorescence tout-à-fait axillaire, à moins qu'on ne veuille isoler le seul
G. murale D. C. par rapport à la forme de son fruit;
mais j'ai découvert aux îles d'Hyères une espèce à
fruit presque rond, qui est d'ailleurs si voisine du
G. murale qu'évidemment elle ne peut être placée
dans une autre section du genre. En voici la description.

GALIUM MINUTULUM (N.), pl. **6**, fig. **E, 1** à **5**.

Fleurs axillaires, plus courtes que les feuilles.
Pédoncules solitaires ou géminés, dressés-étalés, à

la fin étalés horizontalement. Corolle très-petite,
d'un blanc sale; à lobes ovales-oblongs, un peu
aigus, à peine aussi longs que l'ovaire. Fruit obovale-arrondi; tout hérissé d'aiguillons blancs, raides, finement tuberculeux à la base, crochus au
sommet et de longueur égale à son diamètre. Feuilles
verticillées par 4, étalées, ovales-elliptiques, atténuées à leur base en un court pétiole, un peu aiguës
et finement cuspidées au sommet, minces, veinuleuses, à nervure dorsale assez fine, munies sur les
bords de deux rangs de petits aiguillons écartés et
dirigés en haut, et sur la face inférieure de quelques
aiguillons épars, d'un vert clair, devenant noirâtres
par la dessiccation. Tiges très-grêles, nombreuses,
ascendantes à la base, dressées, flexueuses, simples
ou bifides, quadrangulaires, parsemées d'aiguillons
étalés et dirigés en bas. Racine annuelle, très-grêle.
Plante naine de 2 à 4 cent.

J'ai récolté cette petite espèce sur les rochers de
l'île de Portquerolle près Hyères (Var), vers la pointe
orientale de l'île. Elle vient en quantité aux alentours
des blocs granitiques et parmi les grottes, où elle
croît souvent très-serrée de manière à former comme
de petits gazons. Elle était en pleine fleur le 2 juin
1843. Elle se rapproche du *G. murale* D. C. par la
disposition de ses fleurs, son port et l'ensemble de
ses caractères; mais elle s'en distingue parfaitement
par ses fruits arrondis-obovés et non elliptiques-

oblongs, dressés - étalés et non réfléchis; par ses feuilles plus ovales, plus minces, à veines plus visibles, et noircissant par la dessiccation, tandis qu'elles conservent leur couleur verte dans le *G. murale*. Le *G. verticillatum* Danth. diffère par ses fleurs rougeâtres, bien plus nombreuses aux verticilles, et très brièvement pédicellées; ses fruits ovoïdes, élargis et non rétrécis à la base ; ses feuilles verticillées par 4 - 6, réfléchies, assez étroites, lancéolées, hispidules ; ses tiges bien moins grêles et beaucoup plus allongées, très-finement rudes-hispidules.

Je n'ai pas de détails à donner, pour le moment, sur les autres sections du genre. La section *Cruciata* Tournefort est peu nombreuse en espèces, et n'offre d'autre plante critique que le *G. vernum* Scop. dont les formes ne sont pas faciles à démêler soit dans les herbiers, soit dans les livres. La section *Platygalium* D. C. renferme trois espèces, et dans ce nombre se trouve le *G. ellipticum* Wild. qui est devenu une plante française depuis qu'il a été trouvé aux environs d'Hyères. Quelques Botanistes le rapportent en variété au *G. rotundifolium* L., mais il est regardé par le plus grand nombre comme une bonne espèce, et je crois que c'est avec raison. Le *G. verum* est de la section *Xanthogalium* D. C. J'ai récolté une forme intermédiaire entre cette espèce et le *G. erectum* Huds. qui est peut-être le *G.*

vero-Mollugo Schied., mais il me paraît douteux
que cette plante soit un hybride, car elle fructifie
très-bien. Je crois qu'elle mérite un sérieux examen.

Il résulte de toutes les observations qui précèdent
que les caractères tirés de la pubescence sont d'une
faible importance dans le genre *Galium*, puisque la
plupart des espèces peuvent offrir l'état glabre et
l'état velu, non-seulement dans leur feuillage, mais
souvent dans leurs fruits.

La nature des poils paraît plus constante ainsi
que leur forme et leur direction; mais les véritables
caractères spécifiques seront tirés avant tout de la
forme de la panicule et du port général de la plante
qui constitue son facies. La direction des tiges et
des rameaux, et la disposition des fleurs sont très-
constantes dans chaque espèce. Les feuilles offrent
d'excellents caractères dans leur nombre à chaque verticille, leur direction, leur forme, leur consistance
plus ou moins épaisse, leur couleur à l'état frais et
à l'état sec, et surtout leur nervure dorsale qui doit
être étudiée sur le frais. Les corolles sont très-constantes dans leur forme et même dans leur grandeur;
examinées à l'état frais, elles peuvent offrir des caractères, suivant la direction des lobes et suivant que
l'ombilic est plus ou moins déprimé ou relevé, ce
qui fait qu'elles s'éloignent plus ou moins de la forme
rotacée. Les anthères diffèrent par leur couleur,
leur grosseur, et quelquefois par leur forme. Les styles

sont courts ou allongés, séparés à divers points de
leur hauteur, et plus ou moins persistants. Les fruits
ont presque tous la même forme ; mais leur couleur
et leur grosseur varie , et leur surface est lisse ou
couverte d'aspérités. La grosseur du fruit est sujette
à varier dans une même espèce, selon que le nombre des ovaires qui arrive à maturité est plus ou
moins considérable. On en voit souvent qui prennent un développement inusité et monstrueux. C'est
pourquoi ils demandent beaucoup d'attention pour
être bien appréciés ; mais il est certain que les fruits
qui sont susceptibles de germer ont une grosseur à
peu près constante dans une même espèce. La souche mérite aussi d'être examinée, et quelques espèces
telles que les *corrudæfolium* Vill. et *erectum* Huds. se
distinguent parfaitement à l'aide de ce seul caractère,
en faisant même abstraction de tous les autres.
Au reste le genre *Galium* est un genre très-naturel,
et un de ceux dans lesquels la nécessité de se servir
de tous les caractères est la plus évidente, surtout si
l'on veut arriver à connaître toutes les espèces qui
existent réellement, et si l'on ne regarde pas l'espèce
comme une chose de convention qui peut être limi-
tée suivant notre manière de voir ou suivant les
bornes de nos facultés, comme c'est encore la tendance de beaucoup de Botanistes subissant en cela
l'ascendant du grand Linné, qui est pour eux ce que
fut longtemps Aristote pour les philosophes.

Explication de la sixième planche.

Fig. A. GALIUM TIMEROYI (N.).

1. Tige en fleur de grandeur naturelle.
2. Corolle grossie.
3. Ovaire surmonté par les styles.
4. Fruit grossi.
5. Feuille grossie.

Fig. B. GALIUM ANISOPHYLUM Vill.

1 à 5. Les mêmes organes qu'aux numéros correspondants de la fig. A.

Fig. C. GALIUM TENUE Vill.

1. La plante entière de grandeur naturelle.
2 à 5. Les mêmes organes qu'aux numéros correspondants de la fig. A.

Fig. D. GALIUM PUMILUM Lam.

1 à 5. Les mêmes organes qu'aux numéros correspondants de la fig. C.

Fig. E. GALIUM MINUTULUM (N.).

1. La plante entière de grandeur naturelle.
2. Fleur grossie.
3. Fruit grossi.
4. Aiguillon du fruit grossi.
5. Feuille grossie.

Fig. F. GALIUM MURALE D. C.

1 à 5. Les mêmes organes qu'aux numéros correspondants de la fig. E.

GENRE FILAGO.

On est généralement d'accord que les plantes
qui présentent des caractères constants sont des espèces distinctes ; en un mot, que la constance des
caractères est la marque de l'espèce. C'est donc de
cette constance qu'il importe de s'assurer avant
tout lorsqu'il s'agit de résoudre une question d'espèce ; et pour cela l'observation directe est la meil-
leure voie. Mais on ne peut se dissimuler que la certitude qu'il nous est possible d'acquérir par cette
voie seule n'est jamais bien complète, car nos moyens
d'expérimentation sont tous plus ou moins impar-
faits ; et d'ailleurs il ne nous est pas toujours donné
d'observer des faits en assez grand nombre et dans
des circonstances assez diverses pour être assurés
contre toute chance d'erreur. C'est pourquoi il importe qu'une observation ne soit pas isolée, afin
qu'elle acquière plus de valeur ; et il convient qu'elle
se rattache à des observations antérieures, de telle
sorte que les données qu'elle fournit viennent servir
de complément aux données précédemment ac-
quises, soit pour les appuyer, soit pour les contredire.
Il est clair que la certitude qu'elle peut offrir sera
dans le premier cas accrue de toute la certitude
des observations qui précèdent, et dans le second

diminuée d'autant, s'il y a une parfaite analogie dans les faits qui ont servi de matière à l'examen. Cette marche est bonne à suivre dans un ordre de faits quelconque ; mais elle est surtout indispensable pour l'étude des formes végétales.

Ainsi, si l'on veut apprécier à leur juste valeur les caractères d'une plante et s'assurer de sa légitimité comme espèce, il est sans doute très-nécessaire d'examiner ses caractères avec beaucoup d'attention et d'en faire l'étude, autant que possible, sur des individus nombreux, de divers âges, et venus dans des conditions différentes, afin d'être mieux assuré de leur constance ; mais cela n'est pas toujours suffisant. Il convient d'étudier encore les espèces voisines du même genre ou de genres rapprochés, celles surtout dont la constance n'est l'objet d'aucun doute et qui forment par leur réunion ce qu'on appelle des groupes naturels, afin de voir quelles sont les différences qui les séparent, et de pouvoir faire ensuite la comparaison de leurs caractères avec ceux de la plante qu'on cherche à connaître. Si les caractères de celle-ci équivalent aux autres pour le nombre et l'importance, s'ils portent sur les mêmes organes, il sera déjà extrêmement probable, d'après le seul résultat de cette comparaison, qu'elle mérite d'être considérée comme une espèce véritable aux mêmes titres que les autres le sont elles-mêmes, et lorsqu'ensuite l'expérience aura donné une conclu-

sion semblable, il ne restera plus de doute et la dé-
monstration sera complète.

Le genre *Filago* va me fournir un exemple à l'appui de ces considérations. On sait que la description
du *F. germanica* L. donnée par Linné , Sp. pl.
p. 1311, s'applique également à plusieurs formes
d'un aspect différent, quoique cependant difficiles à
distinguer. Ces formes qui sont très-répandues ont
depuis longtemps attiré l'attention des Botanistes et
provoqué plus d'une discussion. Elles ont été ju-
gées diversement par les auteurs tant anciens que
modernes. Les uns frappés surtout des différences
que présentent les formes extrêmes ont cru à l'existence de deux espèces; les autres voyant les intermédiaires qui les unissent n'ont admis qu'une espèce
unique modifiée de différentes manières. Cette dernière opinion, qui est adoptée par le plus grand nombre, ne fût-elle pas l'expression de la réalité, paraît
au moins, au premier abord, la plus vraisemblable
et la plus logique. En effet, l'espèce n'existe pour
nous que par sa manifestation, et l'existence d'une
nouvelle espèce ne nous est révélée que par les caractères qui l'isolent de celles qui nous sont déjà
connues. Mais si nous apercevons entre deux espèces
supposées, une série d'intermédiaires qui les unissent
de telle façon qu'il soit impossible de les rapporter
plutôt à l'une qu'à l'autre, il est clair que nous ne
pouvons nous faire une idée nette de ces deux es-

pèces, et que leurs limites ne nous étant pas connues, elles sont pour nous comme si elles n'existaient pas.

Ce sont donc ces intermédiaires qu'il importe
d'examiner, car ils constituent le point réel de la
difficulté. Ils peuvent être en effet de nature très-
différente. Ou ils sont eux-mêmes le type de l'espèce,
étant considérés par rapport aux formes extrêmes ;
ou ils représentent des espèces distinctes de celles
que l'on compare entre elles. Si l'on considère une
plante quelconque dans les modifications bien cons-
tatées qu'elle peut offrir, et que l'on compare ses
deux états les plus opposés, en faisant abstraction
des états intermédiaires, on croira souvent avoir sous
les yeux deux espèces distinctes, et l'on ne saisira
qu'avec beaucoup de peine les points de contact que
la vue des intermédiaires ferait apercevoir immédiatement. D'un autre côté, si l'on étudie un groupe
d'espèces très-naturel, on remarque que chaque
espèce semble intermédiaire entre celle qui la suit et
celle qui la précède dans la série naturelle, et que
souvent un même groupe offre plusieurs séries qui
sont parallèles et se croisent en divers sens, de sorte
qu'une même espèce peut être intermédiaire entre
plusieurs autres à la fois. Ainsi donc, pour apprécier ces intermédiaires dont je parle et pénétrer
avant dans le problème qui est à résoudre, il convient d'en faire une étude sérieuse d'après les règles

de l'observation méthodique. En ce qui concerne les *Filago*, la question est extrêmement simple. On sait que dans les nouvelles divisions de ce genre, comme dans les genres les plus voisins tels que *Gnaphalium, Artemisia, Achillea, Chrysanthemum. Senecio*, etc., les espèces sont établies uniquement d'après des caractères tirés de la forme, de la disposition, de la grosseur et du nombre des capitules, des écailles de l'involucre, de la forme et du vêtement des feuilles, de la direction des tiges et de leurs rameaux. Les akènes ne fournissent que des différences très-peu marquées; et c'est là tout; les caractères plus importants étant réservés avec raison pour l'établissement des genres ou des sections de genre.

Il en est de même dans toute la grande famille des *Compositæ*. Les genres *Carduus, Centaurea, Hieracium*, et une foule d'autres, nous présentent une série d'espèces dont la constance est bien démontrée et qui ne se distinguent que par de légères différences dans les organes que je viens d'indiquer. En partant de cette base et en examinant avec soin tous les organes qui peuvent donner des caractères spécifiques, j'ai reconnu dans le *F. germanica* quatre formes aussi bien caractérisées que beaucoup d'espèces reconnues des genres que j'ai cités. Trois de ces formes étant communes aux environs de Lyon, j'ai eu l'occasion de les observer très-souvent pendant un grand nombre d'années, et de constater qu'elles pouvaient croître tantôt en société dans un même lieu, tantôt isolées dans des localités différentes. J'ai pu aussi les soumettre à la culture et les reproduire de semis dans mon jardin, de manière à ne conserver aucun doute sur leur constance et leur valeur comme espèces. La quatrième forme que je n'ai pas observée aussi souvent, étant aussi bien caractérisée que les trois autres, me paraît mériter tout comme elles d'être considérée comme une véritable espèce. Avant d'en donner la description, je vais dire un mot de la question de nomenclature.

La description Linnéenne du *F. germanica* L. s'applique à plusieurs formes, ainsi que je l'ai dit déjà, et l'on peut ajouter que si Linné avait connu les diverses formes qui sont aujourd'hui en litige, il n'aurait certainement pas voulu les distinguer comme espèces. Le nom qu'il donne à sa plante et la localité qu'il indique, *in Europá*, ne nous apprennent rien de plus. Il est donc inutile de rechercher quelle forme précise est l'espèce Linnéenne. Si l'on consulte les auteurs, on voit que les uns ont admis deux espèces, et que les autres n'en ont reconnu qu'une, mais que tous, surtout les auteurs allemands, ont dit du *F. germanica* qu'il était tantôt blanchâtre, tantôt jaunâtre, et que les pointes des écailles de l'involucre étaient ou n'étaient pas rougeâtres. Or, j'ai observé deux formes que j'ai aussi reçues de diverses localités de la France et de l'Allemagne,

sous le nom de *F. germanica* L., et dont l'une a le
tomentum plus ou moins blanchâtre, tandis que
dans l'autre il est toujours plus ou moins jaunâtre,
et que les écailles de l'involucre sont rouges au sommet. Je n'ai jamais vu que la même forme fût alter-
nativement blanchâtre ou jaunâtre, d'où je conclus que ces deux formes, qui sont pour moi deux
espèces distinctes, ont été confondues partout comme identiques, et considérées comme de simples
modifications d'une espèce unique. D'après cela, je
ne vois pas de raison décisive pour conserver à l'une
plutôt qu'à l'autre le nom de *F. germanica* L., ni même
pour conserver ce nom, ces deux plantes étant au
moins aussi communes en France qu'en Allemagne.
D'ailleurs, de même que l'expression doit être en
rapport avec l'idée, il convient en général dans la
nomenclature que des termes différents correspondent à une manière d'apprécier les faits tout-à-fait
opposée. Je nommerai donc ces deux espèces d'a-
près le caractère constant qui les fait reconnaître
au premier aspect, l'une *F. canescens* et l'autre *F.
lutescens*.

Les auteurs qui ont distingué une seconde espèce
l'ont prise pour le *F. pyramidata* L. Ils ont donné
ce nom à une troisième forme qui est fort voisine
du *F. lutescens*, mais qui s'éloigne bien davantage
du *F. canescens*, de sorte qu'en considérant les
deux formes extrêmes, abstraction faite de la forme

intermédiaire, elles paraissent bien tranchées. Villars, Fl. Dauph. 3, p. 194, décrit un *F. pyramidata* dont il dit que les feuilles sont en spatule, et les fleurs pyramidales-pentagones. Wildenow, Reichenbach, et plusieurs autres, décrivent un *Gnaphalium pyramidatum* à capitules de forme pyramidale, à feuilles spatulées vertes ou blanchâtres; Gaudin, Fl. Helv. 5, p. 253, dit du *F. pyramidata*, dont il ne fait qu'une variété du *F. germanica : foliis magis lanatis candidis subspatulatis, floribus exquisitius 5 angulari-pyramidatis.* Koch dit également de cette plante : *tomento foliorum albo,* et il ajoute : *cuspidibus involucri plerumque pallidis.* Les auteurs italiens rapportent à leur *F. pyramidata* le *F. spatulata* Presl. qui est selon eux *albo lanata.* Il résulte de là évidemment que le *F. pyramidata* des auteurs n'est pas mon *F. lutescens* qui a le tomentum jaunâtre et les pointes des écailles rougeâtres, dont les feuilles sont élargies à leur base lancéolées et jamais spatulées dans le haut de la plante, et dont les capitules ne sont pas aussi *exquisitè 5 angulari-pyramidata* que dans une troisième forme très-commune partout, qui a dû la première attirer l'attention, en raison de son aspect tranché. Il s'agit maintenant de savoir si cette troisième forme est réellement le *F. pyramidata* L., comme beaucoup d'auteurs l'ont cru et le croient encore. Selon moi, le *F. pyramidata* L. est une plante différente, et cela me paraît résulter clairement de l'examen du texte Linnéen. Si plusieurs n'ont pas été de cet avis, c'est par suite d'une fausse interprétation de ce texte, ainsi que je vais le montrer. Villars et tous ceux qui ont décrit un *F. pyramidata* lui ont attribué des capitules de forme pyramidale, et ont interprété dans ce sens l'expression de Linné *floribus pyramidatis;* mais ils n'ont pas pris garde que Linné, en décrivant le *F. germanica*, dit de cette espèce *floribus rotundatis,* et que si par là il fallait entendre qu'elle a les capitules de forme arrondie, cette expression serait complètement fausse, car les capitules ne sont pas arrondis le moins du monde dans tout ce qu'on connaît sous le nom de *F. germanica*, mais ils forment par leur réunion des glomérules arrondis; et c'est ce qu'il faut entendre par ces termes de la description : *floribus rotundatis.* Par conséquent, lorsque Linné dit du *F. pyramidata : floribus pyramidatis,* cela doit s'entendre également de la disposition et non de la forme des capitules. Or, le *F. pyramidata* des auteurs a les glomérules arrondis comme le *germanica;* il n'est donc pas la même chose que le *F. pyramidata* L., qui est d'ailleurs une plante d'Espagne très-distincte.

Les savants auteurs de la Flore des environs de Paris, MM. Cosson et Germain, dans un beau mémoire sur le genre *Filago,* publié dans les Annales des sciences naturelles, ont décrit sous le nom de

F. Jussiæi le *F. pyramidata Auctorum* non L. —
spatulata Presl. dont je viens de parler. Mais en
même temps ils ont rapporté ces synonymes au *F.
germanica*, considérant sans doute leur plante
comme autre que celle des auteurs. A ce point de
vue, ils ont eu parfaitement raison de proposer pour
elle un nom nouveau ; mais s'il est vrai que leur
F. Jussiæi soit la même chose que le *F. pyramidata Auct.* — *spatulata* Presl., comme cela me paraît évident d'après la description et la figure qu'ils
ont données, ainsi que d'après les exemplaires que
j'ai reçus d'eux, comme c'est aussi l'avis de Gus-
sonne, dans son Syn. fl. sic. 2, p. 864, il s'ensuit
selon toutes les règles de la nomenclature botani-
que, que le nom de *F. spatulata* Presl. doit être
préféré, avec d'autant plus de raison que ce nom
est très-bien appliqué, puisqu'il exprime le caractère distinctif de cette espèce dont les feuilles sont
toutes plus ou moins spatulées, les supérieures
même étant rétrécies ou tout au plus égales à la
base, tandis que dans le *F. lutescens* de même que
dans le *F. canescens* et dans une quatrième espèce
dont il me reste à parler, les caulinaires supérieures
sont constamment élargies à la base et de forme
lancéolée. En outre, les auteurs cités disent dans
leur description du *F. Jussiæi* qu'il a quelquefois
le tomentum d'un blanc jaunâtre et les folioles de
l'involucre rougeâtres au sommet, ce qui me fait

présumer fortement qu'ils lui ont rapporté divers
exemplaires du *F. lutescens*, ce qui était d'ailleurs
inévitable. Lorsqu'on a sous les yeux trois espèces,
et qu'on ne veut en reconnaître que deux, on est
bien forcé de rapporter les individus de l'espèce intermédiaire, soit à l'une, soit à l'autre des deux espèces reconnues, soit à toutes les deux à la fois. On
ne peut nier toutefois que ces auteurs n'aient eu
l'incontestable mérite d'appeler l'attention des Botanistes français sur une plante généralement confondue avec le *F. germanica*, et dont il était à
peine fait une légère mention dans nos flores, et
qu'ils n'aient indiqué ces caractères beaucoup mieux
que ne l'avaient fait leurs devanciers. Aussi s'il
s'agissait d'exhumer, comme on ne le fait que trop
souvent, une vieille et obscure description afin de
substituer au nom qu'ils ont adopté un nom nouveau, il y aurait là une véritable injustice; mais la
synonymie du *F. spatulata* Presl. n'est pas douteuse;
elle est incontestable, puisqu'elle a pour elle l'autorité des meilleurs auteurs italiens et celle de
MM. Cosson et Germain eux-mêmes. Et il est impossible de douter que ce nom n'eût été conservé
par les auteurs qui ont décrit un *F. pyramidata*
s'ils eussent reconnu que leur plante n'était pas celle
de Linné, et que les illustres auteurs de la Flore des
environs de Paris n'en eussent fait autant s'ils avaient
cru à l'identité de leur *F. Jussiæi* avec le *F. pyrami-*

data des auteurs. Comme ils n'ont proposé ce nom
que par suite d'une erreur de synonymie, le nom
le plus ancien doit être conservé ; et cette opinion
ne pouvant manquer de prévaloir inévitablement,
je pense qu'on est forcé de s'y tenir, malgré toute
autre considération.

La quatrième forme que je propose comme espèce est très-rapprochée du *F. canescens* ; mais son
tomentum est bien plus abondant, plus grisâtre,
souvent un peu verdâtre. Elle vient aux îles d'Hyères et dans les terrains primitifs de la Provence méridionale. C'est le *Gnaphalium germanicum* γ *lanu-
ginosum* Duby Bot. gall., p. 269, le *F. eriocephala*
Guss. Pl. rar., p. 344. M. Requien lui donne ce
dernier nom, qui me paraît très-bien appliqué et
devoir être conservé. Je vais décrire ces quatre espèces, en commençant par le *F. spatulata* Presl, et
en finissant par le *F. eriocephala* Guss. qui en est
le plus éloigné.

FILAGO SPATULATA Presl. Pl. 7, fig. C, 1 à 10.

Glomérules sessiles, placés au sommet ou dans
la dichotomie des rameaux, formés par la réunion
d'environ 12 à 16 capitules très-serrés, globuleux-
déprimés ou subhémisphériques, munis à la base
de 3 à 4 feuilles bractéales étalées qui les dépassent
ordinairement. Capitules de forme conique-pyra-

midale, offrant cinq angles aigus séparés par des sinus profonds , assis sur un tomentum épais qui ne
s'élève pas au-dessus de leur base. Involucre à folioles scarieuses, jaunâtres, peu cotonneuses , disposées sur 5 rangs, étroitement imbriquées, presque
égales , très-fortement pliées-concaves et canaliculées, un peu vertes et courbées sur le dos, assez larges , oblongues-elliptiques, longuement cuspidées ; à
pointe jaunâtre, pâle, allongée et recourbée en dehors dans les extérieures, dressée et plus courte
dans les intérieures. Akènes cylindriques-oblongs,
grisâtres , parsemés de petites papilles glanduleuses , pourvus d'une aigrette très-caduque ou nulle
dans les extérieurs. Feuilles un peu étalées , assez
lâches, sessiles, oblongues-spatulées , obtuses ou
un peu aiguës, plus ou moins rétrécies à la base ,
presque planes, couvertes d'un tomentum presque
soyeux plus ou moins abondant et toujours blanchâtre. Tige ordinairement ramifiée un peu au-dessus de la base ou quelquefois dès la base même ,
plusieurs fois bi ou trichotome ; à rameaux flexueux
étalés ou divariqués. Plante annuelle de 1 à 3 déc.,
verte ou blanchâtre.

Il paraît être commun dans toute l'Europe ;
mais il se plaît surtout dans les terrains calcaires
des contrées méridionales où il abonde. On le trouve
en fleur depuis juillet jusqu'en novembre dans les
champs cultivés.

FILAGO LUTESCENS (N.), pl. 7, fig. B, 1 à 10.

Glomérules sessiles, placés au sommet ou dans la dichotomie des rameaux, formés par la réunion d'environ 20 à 25 capitules très-serrés, globuleux, munis à la base de 3 à 5 feuilles bractéales dressées peu étalées plus courtes ou de même longueur. Capitules ovales-coniques, à 5 angles séparés par des sinus peu profonds, plongés jusqu'au milieu de leur hauteur dans un tomentum épais jaunâtre. Involucre à folioles scarieuses, jaunâtres, cotonneuses, disposées sur 5 rangs, imbriquées, un peu lâches, presque égales, fortement pliées-concaves et canaliculées, un peu vertes et courbées sur le dos, étroites, oblongues ou lancéolées, longuement cuspidées ; à pointe souvent purpurine, dressée, allongée, plus courte dans les inféreures. Akènes cylindriques-oblongs, grisâtres, parsemés de petites papilles glanduleuses, pourvus d'une aigrette très-caduque ou nulle dans les extérieures. Feuilles nombreuses, dressées, assez rapprochées, sessiles, les inférieures oblongues, égales ou un peu rétrécies à la base, les supérieures lancéolées-oblongues, élargies et semi-embrassantes à la base, obtuses, mucronulées, planiuscules ou à bords un peu roulés en dessous, couvertes d'un tomentum plus ou moins abondant et toujours jaunâtre. Tige tantôt simple inférieurement, tantôt divisée dès la base, plusieurs fois dichotome; à rameaux dressés, peu étalés. Plante annuelle, de 1 à 3 déc., un peu jaunâtre.

Cette espèce est probablement très-répandue. Je l'ai reçue du nord de la France et de l'Allemagne sous le nom de *F. germanica*. Elle est commune aux environs de Lyon, surtout dans les terrains primitifs, et paraît rare sur le sol calcaire; mais dans les champs des terrains d'alluvion on la trouve fréquemment pêle-mêle avec les *F. spatulata* et *canescens*.

FILAGO CANESCENS (N.), pl. 7, fig. A, 1 à 10.

Glomérules sessiles, placés au sommet ou dans la dichotomie des rameaux, formés par la réunion d'environ 30 à 35 capitules très-serrés, régulièrement arrondis, munis de 1 à 3 feuilles bractéales dressées très-courtes. Capitules coniques-cylindriques, plongés jusqu'au milieu de leur hauteur dans un tomentum épais, blanchâtre. Involucre à folioles scarieuses, jaunâtres, peu cotonneuses, disposées sur 5 rangs peu marqués, imbriquées, peu lâches, presque égales, pliées-concaves, à dos verdâtre et presque droit, étroites, oblongues ou lancéolées, longuement cuspidées; à pointe pâle et jaunâtre, un peu étalée en dehors dans les extérieures, dressée et plus courte dans les intérieures. Akènes cylindriques-oblongs, grisâtres, parsemés de petites papilles glanduleuses, pourvus d'une aigrette très-caduque ou nulle dans les extérieures. Feuilles nombreuses dressées et souvent presque imbriquées, sessiles, oblongues ou lancéolées dans le haut, très-aiguës, ondulées, à bords roulés en-dessous, couvertes d'un tomentum plus ou moins abondant et toujours blanchâtre. Tige simple inférieurement, ou ramifiée dès la base, plusieurs fois dichotome, à rameaux dressés peu étalés. Plante annuelle, de 1 à 3 décim., blanchâtre.

Il est commun aux environs de Lyon, et sans doute partout, car je l'ai reçu sous le nom de *F. germanica* aussi souvent que *F. lutescens*. On le trouve un peu dans tous les terrains, mais particulièrement dans les champs sablonneux. Il est en fleur depuis la fin de juin jusqu'à la fin de l'été.

FILAGO ERIOCEPHALA Guss. Pl. 7, fig. D. 1 à 10.

Glomérules sessiles, placés au sommet ou dans la dichotomie des rameaux, formés par la réunion d'environ 40 à 60 capitules très-serrés, exactement ronds ou subellipsoïdes, munis à la base de 1 à 3 feuilles bractéales dressées très-courtes. Capitules oblongs-cylindriques, presque entièrement plongés dans un tomentum épais, très-cotonneux, grisâtre ou souvent un peu verdâtre. Involucre à folioles scarieuses, jaunâtres, cotonneuses, disposées sur des rangs très-peu distincts, imbriquées, presque égales, concaves, à dos verdâtre et presque droit, étroites, oblongues, longuement cuspidées; à pointe pâle, étalée en dehors dans les extérieures, plus courte et dressée dans les intérieures. Akènes cylindriques-oblongs, grisâtres, très-petits, parsemés de petites papilles glanduleuses, pourvus d'une aigrette très-caduque ou nulle. Feuilles nombreuses, dressées et serrées contre la tige, souvent tout-à-fait imbriquées, sessiles, oblongues ou lancéolées, obtuses ou un peu aiguës, mucronulées, planiuscules à bords souvent un peu roulés en-dessous, couvertes d'un tomentum très-abondant un peu grisâtre. Tige simple ou quelquefois divisée dès la base, à divisions brièvement ascendantes, une fois ou rarement deux fois dichotomes au sommet; à rameaux courts, dressés, non étalés, un peu arqués. Plante annuelle, de 1 à 2 décim., d'une couleur grise ou un peu jaunâtre, rarement blanche.

J'ai récolté cette espèce aux îles d'Hyères, où elle est commune; et elle se trouve probablement dans d'autres localités des terrains primitifs. Je ne l'ai jamais rencontrée dans les régions calcaires du midi de la France. Elle fleurit en juin.

Ces quatre espèces que je viens de décrire sont sans doute très-voisines, puisqu'elles ont été long-temps considérées comme des modifications d'une espèce unique. Néanmoins, je crois pouvoir affir-

mer non-seulement qu'elles sont limitées et distinctes, mais encore qu'elles sont très-faciles à distinguer pour celui qui connaît leurs caractères et les
examine avec un peu d'attention. En ce qui concerne
les *F. spatulata* , *lutescens* et *canescens* , la constance des caractères est pour moi démontrée par les
faits de la manière la plus complète. Je n'ai pas des
données aussi positives au sujet du *F. eriocephala* ;
mais le jugement que je crois devoir porter sur cette
plante me paraît reposer sur une analogie très-suffi-
sante.

Le *F. spatulata* se distingue des trois autres par
ses feuilles qui sont toujours plus ou moins spatulées, jamais élargies à leur base, plus étalées, plus
lâches et plus larges ; ses rameaux bien plus ouverts,
ses glomérules plus gros, plus déprimés, moins cotonneux et munis de bractées plus longues et plus
étalées ; ses capitules moins nombreux , de forme
plus ovale , à angles plus saillants , à écailles plus
larges et plus courbées sur le dos.

Le *F. lutescens* se reconnaît tout de suite à son
tomentum jaunâtre et aux pointes des écailles de
l'involucre qui prennent très-souvent une belle couleur purpurine. La forme de ses feuilles le distingue
parfaitement soit du *spatulata*, soit du *canescens*. En
effet, elles sont toujours lancéolées dans le haut,
mais obtuses avec un petit mucron à leur extrémité.
Ses rameaux sont peu étalés. Ses glomérules, par

leur forme, ainsi que par la forme, le nombre et
la grosseur des capitules qu'ils renferment, la forme
des écailles et la longueur des bractées, tiennent
exactement le milieu entre ceux du *F. spatulata* et
ceux du *F. canescens*; mais ils sont souvent aussi
cotonneux que dans ce dernier, et les pointes des
écailles sont assez droites.

Le *F. canescens* a le tomentum blanchâtre, et les
pointes des écailles pâles et non rougeâtres. Ses
feuilles sont remarquables par leurs bords ondulés
et ordinairement très-roulés en dehors; elles sont
oblongues ou lancéolées comme celles du *F. lutescens*, mais toujours aiguës. Ses rameaux sont peu
étalés, plusieurs fois dichotomes, à peu près comme
dans le *F. lutescens*. Ses glomérules sont ordinairement très-ronds, très-cotonneux et munis de bractées très-courtes; les capitules qu'ils renferment sont
nombreux, assez étroits, à angles peu marqués, à
écailles presque droites sur le dos, et sont très-distincts de ceux du *F. spatulata*.

Le *F. eriocephala* est remarquable par l'abondance du duvet grisâtre, cotonneux, qui couvre
toutes ses parties et prend souvent une teinte d'un
vert jaunâtre au sommet de la plante. Ses feuilles
sont très-nombreuses et comme imbriquées; leurs
bords sont moins roulés en dehors et moins ondulés que dans le *F. canescens*; leur forme est peu différente de celles des feuilles du *lutescens*. Ses tiges

diffèrent par leur port de celles de ces deux espèces, étant un peu ascendantes à la base , seulement une fois et plus rarement deux fois dichotomes au sommet , à rameaux plus arqués. Ses glomérules sont très-ronds ou subellipsoïdes , et sont formés de capitules plus étroits et plus nombreux que dans tous les autres. J'en ai compté souvent 60 dans un seul glomérule. Les akènes sont d'une petitesse remarquable, étant de moitié plus petits environ que ceux du *F. canescens.* Ce caractère est décisif , puisque dans les *F. canescens, lutescens* et *spatulata* , qui sont d'ailleurs forts distincts, les akènes ne présentent pas dans leur grandeur des différences aussi appréciables.

Explication de la septième planche.

Fig. A. FILAGO CANESCENS (N.).

1. La plante entière de grandeur naturelle.
2. Capitule de grandeur naturelle.
3. Le même grossi.
4, 5 , 6 et 7. Ecailles de l'involucre grossies.
8. Graines de grosseur naturelle.
9. Graine grossie.
10. Portion de tige où la pubescence est indiquée.

Fig. B. FILAGO LUTESCENS (N.).

1 à 10. Les mêmes organes qu'aux numéros correspondants de la fig. A.

Fig. C. Filago spatulata Presl.

1 à 10. Les mêmes organes qu'aux numéros correspondants de la fig. A.

Fig. D. Filago eriocephala Guss.

1 à 10. Les mêmes organes qu'aux numéros correspon.
dants de la fig A.

GENRE CARDUUS.

Le *Carduus nigrescens* Vill. est indiqué dans nos Flores comme une plante assez répandue dans les lieux secs des provinces méridionales de la France; mais si l'on compare des exemplaires recueillis dans diverses localités avec les descriptions de nos auteurs, on n'arrive pas à se faire une idée très-claire de la plante qu'ils ont voulu désigner, et l'on a quelque raison de douter qu'il y a eu peut-être confusion de plusieurs espèces distinctes. J'ai pensé qu'il fallait, pour éclaircir l'histoire du *C. nigrescens* Vill., en faire l'étude d'après Villars, en recherchant quelle est la plante des départements des Hautes et Basses Alpes qui répond le mieux à la description et à la figure qu'il a données, et en examinant cette plante dans son type, c'est-à-dire dans la forme qu'elle conserve habituellement lorsqu'elle croît isolée de toute autre espèce voisine, et sous laquelle elle se reproduit constamment par la culture. Car, dans le genre *Carduus* comme dans le genre *Cirsium* et plusieurs autres, les questions d'espèces sont singulièrement compliquées par la présence des formes hybrides ou intermédiaires que l'on trouve fréquemment dans les lieux où plusieurs espèces du même genre croissent en société. Ces intermédiaires causent souvent beau

14

coup d'embarras, et l'on ne peut arriver à les déterminer qu'autant que l'on connaît déjà très-bien les
vrais caractères des diverses espèces auxquelles ils se
rapportent, et qu'on a noté soigneusement les circonstances qui peuvent rendre compte des changements qu'elles ont subis. J'ai pu constater par des
expériences de culture réitérées que les espèces du
genre *Carduus* exercent les unes sur les autres une
influence marquée lorsqu'elles sont très-rapprochées,
et que dans ce cas leurs graines donnent presque
toujours naissance à des formes qui tendent plus ou
moins à les unir. Les formes obtenues dans ces conditions peuvent être rangées dans deux catégories.
Tantôt ce sont de vrais hybrides dont toutes les graines
avortent, tantôt, et c'est le cas le plus ordinaire, ce
ne sont que des hybrides apparents, de faux hybrides
pourvus de graines fertiles, offrant sous une forme
légèrement paradoxale tous les caractères essentiels
de l'espèce à laquelle ils appartiennent, et revenant
exactement au type à la seconde génération; ce que
j'ai vérifié constamment. La nature produit accidentellement des monstres; c'est un fait incontestable;
mais elle ne déroge point à ses lois pour cela. Le
désordre n'existe jamais qu'en apparence, et au
fond de tous ces changements des formes végétales
qui déconcertent souvent l'horticulteur ignorant ou
l'observateur superficiel, l'immutabilité se montre
toujours au Botaniste véritable dont la sagacité peut

bien être mise en défaut quelquefois, mais dont la
raison ferme sur les principes n'hésite jamais devant
l'obscurité des faits.

Le *Carduus nigrescens* décrit et figuré par Villars
est une plante à capitules solitaires et dressés sur les
pédoncules, comme le *C. acanthoïdes* L. auquel il le
compare, et dont les écailles extérieures de l'involucre sont réfléchies. J'ai trouvé cette plante très-
fréquemment dans les localités qu'il indique, et
lorsqu'elle croît seule elle conserve toujours les caractères indiqués. Les écailles de l'involucre sont
généralement assez fines et peu piquantes, et les
fleurs sont d'une couleur purpurine très-pâle. Mais
il arrive souvent qu'elle vient en société avec une
seconde espèce très-voisine, quelquefois même avec
une troisième , surtout dans les Basses-Alpes et le
Var. La première de ces deux espèces ne me paraît
pas décrite. Il se peut cependant que ce soit le
C. arenarius Lois. Fl. gall. 2, p. 216, mais non Desf.
Fl. atl. 2, p. 222. La seconde est le *C. Sanctæ-
Balmæ* Lois. Nouv. not. 34. — *C. arenarius* Duby,
Bot. gall. non Desf. La première, que je nommerai
C. spinigerus, diffère du *C. nigrescens* par les écailles
extérieures de l'involucre raides-piquantes non réfléchies, par les fleurs d'un pourpre vif, et son feuillage fortement épineux. La seconde est remarquable
par ses capitules d'un pourpre vif, souvent aggrégés
au nombre de 2 à 4, au sommet des pédoncules.

Son feuillage est faiblement épineux. Ces trois espèces sont fort distinctes, mais quand elles se trou-
vent ensemble ou seulement deux réunies, elles pro-
duisent des formes très-embarrassantes.

Les *C. nigrescens* et *spinigerus* paraissent assez
répandus l'un et l'autre non seulement dans les
départements des Hautes-Alpes et des Basses-Alpes,
mais encore dans la région la plus méridionale de la
Provence et du Languedoc. J'ai observé en outre dans
cette dernière contrée une autre espèce qui paraît
surtout commune dans le département de l'Ardèche
depuis Les-Vans et Aubenas jusqu'à Tournon, et est
très-bien caractérisée. Ses capitules sont un peu penchés et portés sur des pédoncules allongés, flexueux
et dénudés longuement au sommet Ses fleurs sont
d'un pourpre vif, et les folioles de l'involucre sont
fines et très-peu piquantes, appliquées, toutes courbées en dehors, mais seulement vers leur extrémité.
Cette plante qui croît ordinairement isolée de toute
autre espèce de *Carduus* sur les collines de l'Ardèche, a un port plus grêle et des capitules plus petits que ceux du *C. nigrescens*. Elle se montre telle
également dans mon jardin, où je la cultive depuis
un grand nombre d'années ainsi que le *C. nigrescens*. Je vais en donner la description, et ensuite
celles de ses trois congénères que j'ai désignées.

CARDUUS VIVARIENSIS (N.), Pl. 8, fig. A, 1 à 7.

Capitules solitaires, d'abord dressés, penchés en-

suite après la floraison ; portés sur des pédoncules
allongés, flexueux, tomenteux, ailés inférieurement,
dénudés au sommet. Involucre ovoïde-subglobu-
leux, presque glabre ; folioles souvent purpurines
au sommet, linéaires, un peu convexes et légèrement carénées, rudes sur les bords, cuspidées, à
pointe fine et courte non piquante, étroitement
imbriquées et décroissantes inférieurement, celles
du bas très-courtes, toutes étalées et courbées en
dehors au-dessus du milieu, ou les supérieures
courbées près du sommet seulement. Fleurs d'une
couleur purpurine foncée. Akènes oblongs un peu
comprimés, luisants, jaunâtres, très-légèrement ridés transversalement tout le long des stries qui sont
peu marquées, longs de 4 mill. sur 1 3/4 mill. de
large. Disque épigyne pourvu au centre d'un mamelon jaunâtre, conique, à 5 angles très-obtus.
Poils de l'aigrette à cils courts, mais assez visibles.
Feuilles fermes, d'un vert foncé, munies sur les
deux faces de poils épars arachnoïdes, un peu tomenteuses ou glabriuscules, ondulées et épineuses
sur les bords, oblongues, plus ou moins étroites,
toutes sinuées-pinnatifides ; segments ovales, très-
étalés, plus courts et plus larges dans les inférieures,
munis de trois à cinq dents aiguës bordées de petites épines et terminées par une épine faible plus
allongée ; les feuilles caulinaires décurrentes ; les
radicales assez larges, rétrécies presque en pétiole

à la base. Tige dressée, striée, fortement ailée-cré-
pue, souvent très-rameuse au sommet ; rameaux
allongés, dressés - étalés, terminés par des pédoncules uniflores. Racine bisannuelle, pivotante, presque simple. Plante de 4 à 6 déc.

Cette espèce croît sur les collines sèches et dans
les montagnes aux environs de Tournon, Aubenas,
Burzet, etc. (Ardèche). Je l'ai observée aux environs
d'Alais (Gard). Elle fleurit en juin ou en juillet dans
les montagnes.

CARDUUS NIGRESCENS Vill. Pl. 8, fig. B, 1 à 7.

Capitules assez gros, solitaires ; dressés sur des
pédoncules allongés, tomenteux, souvent un peu
dénudés au sommet. Involucre subglobuleux, presque glabre ; folioles allongées, linéaires, planiuscules, carénées, cuspidées, à pointe assez longue,
peu raide et non piquante, imbriquées, décroissantes inférieurement, celles du bas étalées, courbées en dehors bien au-dessous du milieu, celles du
haut un peu au-dessus, toutes réfléchies mais non
réfractées. Fleurs d'une couleur purpurine, très-
pâle. Akènes oblongs, un peu comprimés, luisants,
grisâtres, légèrement ridés transversalement tout le
long des stries qui sont au nombre de 15 et assez
marquées, longs de 4 1/2 mill. sur 1 3/4 mill. de
large. Disque épigyne pourvu au centre d'un ma-

melon conique jaunâtre peu anguleux. Poils de l'aigrette à cils très-courts. Feuilles fermes, d'un vert
très-foncé, parsemées sur les deux faces de poils
arachnoïdes, ou glabriuscules, un peu ondulées et
épineuses sur les bords, oblongues, sinuées pinnatifides; segments ovales très-étalés, plus courts et
plus larges dans les inférieures, munis de trois à
cinq dents aiguës bordées de petites épines et terminées par une épine plus longue et plus forte;
les feuilles caulinaires décurrentes; les radicales
allongées assez étroites, rétrécies presque en pétiole
à la base. Tige dressée, striée, ailée souvent très-
rameuse au sommet; rameaux allongés, dressés-
étalés, terminés par des pédoncules uniflores. Racine bisannuelle, pivotante, presque simple. Plante
de 3 à 5 déc.

Il est commun aux environs de Gap, Sisteron,
Digne, Castellane, etc. On le trouve également aux
environs de Toulon et de Marseille, et dans le Bas-
Languedoc jusqu'à Perpignan. Il fleurit en juin et
juillet.

CARDUUS SPINIGERUS (N.), Pl. 8, fig. C, 1 à 7.

Capitules assez gros, solitaires; dressés sur des
pédoncules allongés, un peu flexueux, tomenteux
et nus au sommet. Involucre sub-globuleux, souvent aranéeux; folioles allongées, linéaires, pla-

niuscules, carénées dans toute leur longueur par
une nervure forte et saillante, cuspidées, à pointe
allongée raide et piquante, les inférieures dressées,
les intermédiaires un peu étalées en dehors au dessus du milieu, les supérieures seulement réfléchies
vers leur sommet. Fleurs d'une couleur purpurine
très-foncée. Akènes oblongs, un peu comprimés, luisants, un peu jaunâtres, légèrement ridées transversalement tout le long des stries qui sont au nombre
de 15 à 16 et un peu marquées, longs de 4 mill. sur
2 mill. de large environ. Disque épigyne pourvu
au centre d'un mamelon conique, jaunâtre, peu anguleux. Poils de l'aigrette à cils très-courts. Feuilles
fermes, d'un vert noirâtre, garnies sur les deux faces de poils arachnoïdes souvent assez fournis, ou
glabriuscules, ondulées et épineuses sur les bords,
oblongues, sinuées - pinnatifides; segments ovales,
très-étalés, plus courts et plus larges dans les inférieures, pourvus de 3 à 5 dents ovales, aiguës,
bordées de petites épines et terminées par une épine
assez raide et piquante; les feuilles caulinaires
décurrentes; les radicales assez étroites, rétrécies
presque en pétiole à la base. Tige dressée, striée,
ailée, souvent très-rameuse au sommet; rameaux
allongés, peu étalés, terminés par des pédoncules
uniflores. Racine bisannuelle, pivotante et presque
simple. Plante de 3 à 5 déc.

Je l'ai observé à Sisteron (Basses-Alpes) où il est

commun, ainsi qu'à Gap. Divers échantillons que je possède des départements du Gard et de l'Hérault me paraissent devoir lui être rapportés. Il fleurit en juin et juillet. Je l'ai apporté vivant de Sisteron, et l'ai reproduit de graines; mais je n'ai pas vu encore fleurir les individus de la seconde génération.

Carduus Sanctæ-Balmæ Lois.

Capitules assez petits, rarement solitaires, ordinairement aggrégés au nombre de 2 à 4 au sommet des pédoncules qui sont allongés, flexueux, garnis de feuilles ou ailés jusqu'au sommet. Involucre ovoïde, souvent aranéeux; folioles noirâtres ou purpurines au sommet, linéaires, planiuscules, carénées dans toute leur longueur par une nervure assez saillante, cuspidées, à pointe fine et courte non piquante, les inférieures dressées-appliquées, les intermédiaires un peu étalées non courbées, les supérieures légèrement courbées en dehors vers leur sommet. Fleurs d'une belle couleur purpurine. Akènes oblongs, un peu comprimés, luisants, un peu grisâtres, très-finement chagrinés-ridés transversalement, à stries à peine visibles, longs de 4 mill. sur 2 mill de large. Disque épigyne pourvu au centre d'un mamelon ovoïde, conique, à 5 lobes très-visibles. Poils de l'aigrette à cils très-peu visibles. Feuilles assez fermes, d'un vert peu foncé, quelque-

fois rembruni, tomenteuses-aranéeuses surtout en
dessous, ondulées et épinuleuses sur les bords, oblongues, sinuées-pinnatifides ; segments ovales,
très-étalés-dentés, bordés de petites épines peu piquantes ; les feuilles caulinaires décurrentes ; les radicales allongées, assez étroites, aiguës au sommet,
presque atténuées en pétiole à la base. Tige dressée,
striée, ailée, tomenteuse, ramifiée au sommet ; rameaux allongés, dressés, peu étalés, flexueux, mul-
tiflores au sommet ou rarement uniflores. Racine
bisannuelle, pivotante, presque simple. Plante de
4 à 6 déc.

Cette espèce est commune dans toute la Provence,
depuis Sisteron, Digne et Castellanne jusqu'à Toulon
et Nice. Je l'ai de la Sainte-Baume près Toulon, où
elle est indiquée d'une manière spéciale par Loiseleur. Elle fleurit en juin et conserve ses caractères
par la culture.

Le *C. vivariensis* est remarquable par ses capitules penchés après la floraison et portés sur des
pédoncules allongés et point raides ; par les folioles
de l'involucre toutes réfléchies au sommet et très-
faiblement épineuses. Ces caractères le distinguent
du *C. hamulosus* Ehr. qui a les pédoncules raides, les capitules non penchés et les folioles les
plus extérieures dressées-étalées non recourbées. Les
feuilles, dans ce dernier, sont aussi plus molles,
plus tomenteuses, plus finement ciliées-épineuses ;

et leurs segments sont plus obtus, à dents plus nombreuses. Les akènes sont rembrunis et non jaunâtres.

Le *C. nigrescens* Vill. a les capitules assez gros, ordinairement dressés et fermes sur le pédoncule, et non pas régulièrement penchés comme dans le *vivariensis*. Les folioles de l'involucre sont bien plus allongées, et réfléchies complètement à partir de leur milieu ou en dessous; elles sont un peu plus raides, quoique peu piquantes; leur nervure dorsale est plus saillante et se prolonge davantage inférieurement; elles prennent rarement une couleur purpurine comme dans l'autre espèce. Les fleurs sont pâles et non d'un pourpre vif. Les akènes sont fort distincts, étant plus allongés et relativement moins larges, pourvus de stries bien plus visibles et d'une couleur grise ou blanchâtre, mais non jaunâtre. Les poils de l'aigrette sont plus brièvement ciliés, et le mamelon épigyne plus obscurément anguleux. Les feuilles sont d'un vert plus sombre, généralement moins hispides; les radicales sont plus étroitement oblongues, et à lobes moins profonds. Toute la plante est généralement plus robuste, mais un peu plus basse ou de même taille.

Le *C. spinigerus* est tout-à-fait intermédiaire, quant à la disposition des folioles de l'involucre, entre le *C. nigrescens* et le *C. Sanctæ-Balmæ*, car elles sont bien moins réfléchies que dans le second; elles sont d'ailleurs bien plus raides et plus piquantes que dans ces deux espèces ; leur nervure dorsale est aussi bien plus forte. Les fleurs sont d'une couleur violacée-purpurine moins gaie que celle du *C. Sanctæ-Balmæ*. Les pédoncules sont toujours solitaires comme dans le *C. nigrescens*, mais moins raides, un peu flexueux, à capitules souvent un peu inclinés. Les akènes par leur forme plus raccourcie et leur couleur jaunâtre, s'éloignent de ceux du *C. nigrescens*; leurs stries sont bien plus marquées que dans ceux du *C. Sanctæ-Balmæ* qui sont aussi moins jaunâtres. Le feuillage est très-noirâtre, ce qui me fait présumer que Villars l'a confondu avec le *nigrescens*; mais ce qu'il dit des folioles de l'involucre, ainsi que la figure qu'il donne, correspondent parfaitement à ce dernier, et non au *spinigerus*.

Le *C. Sanctæ-Balmæ* est fort distinct des précédents par ses capitules plus petits, moins globuleux et plus ou moins agglomérés. Il est aussi plus tomenteux, et son feuillage est plus finement épineux. Les écailles de l'involucre sont presque toujours violacées-purpurines au sommet. J'en ai trouvé, près de Nice et de Grasse, une forme un peu plus épineuse et dont les épines des feuilles sont purpurines et jaunâtres à la pointe. C'est peut-être le *C. intricatus* Rchb. Fl. exc. p. 281, qui diffère très-peu d'après la description. Le *C. litigiosus* Balb. — *Candolii* Morett. paraît aussi une plante bien voisine du *C. Sanctæ-Balmæ* Lois.

J'ai obtenu par la culture de ces divers *Carduus*
et de plusieurs autres, diverses formes hybrides
ou pseudo-hybrides très-curieuses , notamment
un hybride du *C. nigrescens* et du *C. carlinæfolius*
Lam., plusieurs formes intermédiaires entre le *C. cris-*
pus L. et le *C. nigrescens,* entre le *C. vivariensis* et
le *C. crispus,* entre le *C. nigrescens* et le *C. nutans* L.,
entre le *C. nigrescens* et le *Sanctæ-Balmæ,* etc., etc.
Je me borne à citer ces formes sans donner leurs caractères, car je pense que c'est déjà bien assez de
décrire les espèces véritables, et qu'il est inutile de
s'arrêter aux modifications nombreuses qui peuvent
résulter de rapprochements accidentels et n'ont
d'ailleurs aucune fixité. L'étude de ces dernières
peut cependant servir à jeter du jour sur la question
des hybrides, et sous ce rapport, elle est intéressante
et mérite une étude à part.

Explication de la huitième planche.

Fig. A. Carduus vivariensis (N.).

1. Fragment de tige en fleur de grandeur naturelle.
2. 3 et 4. Folioles de l'involucre.
5. Akène de grandeur naturelle.
6. Le même grossi.
7. Feuille radicale.

Fig. B. CARDUUS NIGRESCENS (Vill.).

1. Capitule en fleur de grandeur naturelle.
2. Le même défloré.
3, 4 et 5. Folioles de l'involucre.
6. Akène de grandeur naturelle.
7. Le même grossi.

Fig. C. CARDUUS·SPINIGERUS (N.).

1 à 7. Les mêmes organes qu'aux numéros correspondants de la fig. B.

GENRE OROBANCHE.

Ayant soumis à M. Reuter deux espèces d'*Orobanche* que j'avais l'intention de publier comme nouvelles, il les a reconnues pour être nouvelles effectivement et conformes à des échantillons provenant
de localités étrangères à la France, d'après lesquels
il les avait déjà décrites dans sa monographie des
Orobanche pour le Prodomus de De Candolle. D'a-
près cela, j'ai pensé que puisque ces deux espèces
avaient reçu l'approbation de ce savant auteur,
c'était une raison de plus pour les signaler aux Botanistes français, et qu'il ne serait pas inutile d'en
donner la figure avec une description détaillée, en
leur conservant le nom qu'il m'a dit leur avoir im-
posé dans son travail.

OROBANCHE LASERPITII-SILERIS Reuter. Pl. 9,
fig. A, 1 à 17.

Fleurs très-nombreuses, en épi dense et très-allongé. Bractées ovales-lancéolées, acuminées, dépassant un peu la fleur, munies de 9 nervures distinctes. Calice à deux sépales contigus ou soudés
antérieurement, pourvus de nervures assez saillantes,
divisés jusque vers le milieu en deux lobes acuminés-subulés plus courts que le tube de la corolle.
Celle-ci de couleur brune rougissante au sommet et

jaunissante à la base, couverte de poils courts glan-
duleux-jaunâtres, tubuleuse-campanulée, régulièrement courbée en arc sur le dos, à lèvres denticulées; la supérieure large, peu voûtée, à deux lobes
ovales-arrondis presque tronqués; l'inférieure étalée, à trois lobes petits, presque égaux, arrondis, un
peu tronqués, très-relevés et plissés sur les côtés,
séparés par des sinus très-obtus. Étamines insérées
un peu au-dessus (à 3 mill.) de la base de la corolle;
filets très-hérissés de poils la plupart glanduleux,
arqués, à courbure du sommet assez large. Anthères
grisâtres, d'un brun cendré après la dessiccation, à
loges ovales apiculées. Style d'un brun rougeâtre
parsemé de poils glanduleux. Stigmates à deux lobes
écartés, arrondis, non marginés, couverts en-dessus
de très-petites papilles un peu saillantes et d'un jaune
orangé. Tige simple, droite, élancée, marquée de
stries et de côtes larges arrondies, d'un brun un peu
rougeâtre, toute couverte de poils courts glanduleux
visqueux jaunâtres, très-épaissie à la base, ordinairement renflée en un tubercule bulbiforme arrondi
très-gros et peu écailleux, articulée en dessus, pourvue d'écailles charnues très-appliquées imbriquées;
les inférieures ovales-acuminées, à base très-élargie;
les supérieures ovales-lancéolées ou lancéolées-linéaires. Radicelles nulles. Plante de 4 à 6 décim., à épi
long de 2 à 3 décim., à tige épaisse de 1 à 2 cent.,
atteignant souvent à la base 4 cent. en diamètre.

J'ai recueilli cette espèce au sommet du Mont-Colombier près Belley (Ain), et à la Grande-Chartreuse près Grenoble (Isère). Elle croît sur les racines du *Laserpitium Siler* L., et fleurit en juillet et août.

OROBANCHE FULIGINOSA Reuter. Pl. 9, fig. B. 1 à 17.

Fleurs au nombre de 12 à 15 en épi serré, un peu lâche à la base. Bractées lancéolées, élargies à la base, longuement acuminées, égalant la fleur. Calice à deux sépales distincts, munis de nervures assez saillantes, fendus jusqu'au milieu et au-delà en deux lobes étroits acuminés-subulés et presque aussi longs que le tube de la corolle. Celle-ci d'un violet rembruni ou un peu jaunissant, parsemée de très-petits poils glanduleux, tubuleuse, assez égale, non renflée antérieurement à la base, régulièrement courbée et carénée sur le dos, à lèvres irrégulièrement dentelées et plissées aux bords; la supérieure assez large, voûtée et émarginée, plus longue que l'inférieure; celle-ci à trois lobes inégaux, arrondis, dirigés en avant, l'intermédiaire plus grand et élargi transversalement. Etamines insérées un peu au-dessous du quart inférieur de la corolle; filets dilatés vers la base, à courbure du sommet étroite, velus sur leur face interne, garnis inférieurement de poils mous et allongés, et vers le haut de poils courts

15

glanduleux. Anthères brunes, apiculées. Style violacé,
parsemé de poils glanduleux. Stigmate bilobé; à lobes,
rapprochés, arrondis, non marginés, couverts en
dessus de très petites papilles saillantes, et d'un violet
orangé. Tige simple, d'un brun violacé, parsemée de
très-petits poils crépus blanchâtres appliqués, un peu
épaissie à la base; pourvue d'écailles brunes, étroites,
lancéolées-linéaires, rapprochées dans le bas, lâches et un peu étalées dans le haut. Radicelles peu
nombreuses. Plante de 1 à 2 déc., à épi long de 5
à 10 cent.

J'ai récolté cette espèce à la presqu'île de Gien
près Hyères, et aux îles d'Hyères à Portquerolle.
Elle croît sur les racines du *Cineraria maritima* L.,
et fleurit en mai et juin.

Indépendamment des *Or. Laserpitii-Sileris* Reut.
et *fuliginosa* Reut., j'ai recueilli plusieurs autres espèces remarquables qui n'ont pas encore été signalées
en France, telles que : l'*Or. lavandulacea* Rchb. que
j'ai de Nice et du Luc (Var); l'*Or. cæsia* — *Phelipæa
cæsia* Reut. que j'ai trouvée à Marseille, parasite sur
les racines de l'*Artemisia inculta* Desf., et à Bagnols
(Pyr.-Or.); l'*Or. Muteli* Schultz, espèce commune
aux environs d'Hyères sur le *Trigonella prostrata*
D. C., l'*Hyseris cretica* W., le *Crepis bulbosa* Cass.;
l'*Or. pubescens* D'Urv. — *versicolor* Schultz. qui vient
à Marseille, et est parasite sur le *Crepis bulbosa* Cass.;
l'*Or. crinita* Viv. qui croît aux îles d'Hyères et à la

presqu'ile de Gien sur le *Lotus cytisoides* L., ainsi
qu'en Corse; l'*Or. Scabiosæ* Koch que j'ai du Lautaret. Ces diverses espèces ont été déterminées par
M. Reuter. Je ne donnerai sur elles aucun détail, n'ayant que très-peu de notes prises sur des
exemplaires frais.

Explication de la neuvième planche.

Fig. A. Orobanche Laserpitii-sileris Reut.

1. La plante entière de grandeur naturelle.
2. Fleur isolée.
3. Bractée.
4. Sépales.
5 et 6. Coupe longitudinale de la corolle.
7. Étamine grossie.
8, 9 et 10. Ovaire et style.
11 et 12. Stigmate.
13. Capsule.
14 et 15. Graines.
16 et 17. Ecailles de la tige.

Fig. B. Orobanche fuliginosa Reut.

1 à 17. Les mêmes organes qu'aux numéros correspondants
de la figure A.

GENRE PLANTAGO.

La synonymie des *Pl. victorialis* Poir. et *argentea* Lam. me paraît devoir être l'objet de quelque discussion. Chaix, dans la Flore du Dauphiné de Villars, 1, p. 376, a le premier nommé *P. argentea* le *Plantago angustifolia argentea è rupe Victoriæ* Tournef. Inst. 127. — *Plantago* n° 4, Gérard Fl. Prov. p. 333, t. 12. — Garidel 367. Lamark, plusieurs années après Chaix et Villars, a signalé dans ses Illustr. n° 1660 sous le nom de *P. argentea* une plante des Pyrénées très-différente de la plante de Tournefort, de Chaix et de Villars. Poiret, longtemps après, dans le Dict. enc. 5, p. 377, a décrit sous le nom de *P. victorialis* la même plante que celle qui portait déjà dans la Flore du Dauphiné de Villars le nom de *P. argentea*. D'après cela, on ne voit pas pourquoi le nom de Poiret serait préféré à celui de Chaix et de Villars, puisque la priorité est évidemment acquise à ce dernier, et que l'identité des deux plantes ne peut être l'objet d'un doute et n'est en effet contestée par personne. Le nom d'*argentea* devant rester nécessairement à la plante des Alpes, celui de la plante des Pyrénées doit être changé, et je proposerais de la nommer *P. Lamarkii*, si M. Boissier dans son Voy. bot. en Espagne ne l'avait déjà désignée sous le nom de *P. nivalis*.

Le *P. saxatilis* M. Bieb. Fl. taur. cauc. 1, p. 109, serait d'après Reich., Fl. exc. p. 395, la même plante que le *P. argentea* Lam.; mais Koch, Syn. fl. germ. p. 687, le rapporte au *P. montana* Lam. Pour moi, je serais d'avis qu'il diffère de ces deux espèces; et cela me paraît résulter assez clairement des termes de la description. En effet, d'après Marsch. Bieberstein le *P. saxatilis* serait, à la maturité, de la taille du *P. lanceolata* L., et aurait les épis de la même grandeur; ses bractées seraient de forme ovale, poilues au sommet, scarieuses sur les bords et brunes au milieu. Ces caractères ne conviennent ni au *P. argentea* Lam., ni au *P. montana* Lam. Le premier a les épis fructifères petits et presque ronds; ses bractées sont obovales, poilues, soyeuses sur le dos ainsi qu'au sommet, et roussâtres. Le second a les bractées ovales-elliptiques, brunes et non blanches sur les bords, vertes et non brunes sur le dos.

Le *P. argentea* Chaix — *victorialis* Poir. a pour synonyme le *P. sericea* W. et Kit., Pl. rar. hung. 2, p. 163, t. 151, d'après l'avis de Koch, Syn. fl. germ. éd. 2, p. 687. Je n'ai pas vu d'exemplaire bien authentique de la plante des auteurs cités; mais leur description me paraît convenir assez bien au *P. argentea* Chaix, sauf que ce dernier a les anthères très-blanches et non d'un jaune très-pâle, que ses bractées sont ovales et non lancéolées, et

que les divisions du calice ne sont pas très-obtuses.
Bertoloni, Fl. it. 2, p. 163, sépare le *P. sericea* du
P. victorialis Poir. Ainsi, la question de l'identité de
ces deux plantes n'est pas encore parfaitement résolue.

Indépendamment des *P. argentea* Chaix, *nivalis* Boiss., *montana* Lam. , qui sont assez bien
connus, j'ai été dans le cas d'observer une quatrième
espèce également très-bien caractérisée, qui habite
les Alpes de la Provence et du Dauphiné, et ne paraît pas avoir été connue de Villars, ni d'Allioni. Je
ne l'ai trouvée décrite nulle part , et je pense
qu'elle a pu être confondue avec l'une ou l'autre des
espèces dont je viens de parler, et surtout avec le
P. argentea Chaix,— *victorialis* Poir. Duby, Bot. gall.
p. 393, dit du *P. victorialis* Poir. : *spicâ ovato globosâ
et bracteis obovatis*. Le premier caractère est très-
bien appliqué, mais il n'en est pas de même du
second qui convient mieux à l'espèce que je veux
faire connaître, d'où je conclus qu'il y a eu probablement confusion des deux plantes de la part de
cet auteur. La description du *P. victorialis* Poir.
donnée par de Candolle, Fl. fr. 3, p. 410, est con-
çue aussi de manière à indiquer la même confusion.
Il est donc à propos d'établir clairement les caractères de ces deux plantes qui sont d'ailleurs fort
distinctes et dont l'affinité est plus apparente que
réelle. Voici la description de cette nouvelle espèce.

PLANTAGO FUSCESCENS (N.) , pl. 10, fig. A, 1 à 12.

Fleurs en épi peu serré, oblong-cylindrique.
Bractées très-larges, obovales-arrondies, très-obtuses, concaves, brunes-scarieuses sur les bords, carénées et vertes sur le dos, à carène épaisse et prolongée au sommet en pointe courte et obtuse,
munies surtout vers le haut de longs poils soyeux.
Calice à divisions ovales, scarieuses-brunâtres, un
peu carénées et vertes sur le dos inférieurement,
poilues au sommet; les antérieures très-obtuses et
un peu échancrées au sommet; les postérieures plus
fortement pliées et carénées, peu obtuses. Corolle à
tube glabre, oblong, resserré à l'ouverture; à lobes
ovales-lancéolés , acuminés , scarieux-roussâtres ,
munis d'une bordure blanche étroite , un peu plus
courts que le tube. Etamines à filets allongés, insérées au-dessous du milieu du tube; anthères oblongues-elliptiques, d'un jaune blanchâtre, finement
mucronées, à lobes de l'échancrure très-aigus. Style
velu, assez court. Capsule oblongue, deux fois aussi
longue que large, assez grosse. Placenta comprimé,
noirâtre; portant de chaque côté une graine oblongue, d'un brun noirâtre, rugueuse, convexe sur la
face externe avec une côte obscure souvent nulle
au milieu, creusée-caniculée irrégulièrement sur la
face interne. Feuilles toutes radicales, dressées, li-

néaires-lancéolées, rétrécies aux deux extrémités, un peu canaliculées près de la base, toutes couvertes de poils mous blanchâtres, et pourvues à la base d'un faisceau de poils laineux de couleur fauve, très-entières ou munies de quelques dents courtes linéaires très-écartées, marquées de 5 à 7 nervures, d'un vert foncé à la fin rembruni. Pédoncule radical, dressé, souvent un peu courbé a la base, dépassant les feuilles, arrondi, couvert de poils laineux un peu étalés ou appliqués vers le haut. Souche épaisse, garnie d'écailles brunes, émettant des pédoncules et des feuilles nombreuses serrées en touffe. Racine brune, épaisse, simple ou divisée en deux branches. Plante de 3 déc., d'un vert sombre, devenant brune par la dessiccation.

J'ai recueilli cette espèce au col de l'Arche (Basses-Alpes), et au Mont-Viso (Hautes-Alpes. Elle paraît se trouver également dans les Alpes du Piémont, et c'est elle probablement qui est désignée dans l'*Herbarium pedemontanum* de Colla sous le nom de *P. victorialis* Poir. Elle croît dans les pâturages alpins et fleurit en juillet et août. Sa taille élevée et ses épis oblongs lui donnent une certaine ressemblance avec le *P. lanceolata* L. ; mais la forme de ses bractées ainsi que la couleur sombre de son feuillage et les poils laineux dont il est couvert, indiquent qu'elle a beaucoup d'affinité avec les *P. montana* Lam. et *nivalis* Boiss., tandis qu'elle n'a

qu'un rapport assez éloigné avec le *P. argentea*
Chaix — *victorialis* Poir.

Dans le *P. lanceolata* L. les bractées sont ovales,
attenuées-acuminées au sommet, et glabres; les divisions postérieures du calice sont fortement carénées jusqu'au sommet.

Dans le *P. argentea* Chaix les épis sont arrondis
ou ovales-arrondis, et très-denses. Les bractées sont
ovales-acuminées, attenuées à la pointe, carénées et
vertes sur le dos seulement vers la base, largement
brunes-scarieuses dans leur partie supérieure. Les
divisions antérieures du calice sont ovales, obtuses
sub émarginées et brunes au sommet, un peu concaves et carénées; les postérieures sont pliées en deux,
vertes et fortement carénées sur le dos. Le tube de
la corolle est oblong, resserré à l'orifice, verdâtre
à la base, blanchâtre au sommet; les lobes sont un
peu plus courts que le tube, lancéolés-acuminés,
blancs-scarieux, ou un peu rembrunis seulement à
la base. Les anthères sont très-blanches. La capsule
est ovale-oblongue, bien plus petite et moins allongée que dans le *P. fuscescens*. Les graines sont
presque lisses et d'un brun peu foncé. Les feuilles
sont fortement rétrécies à la base, presque attenuées
en pétiole, très-acuminées au sommet, couvertes
de poils appliqués, soyeuses-blanchâtres. La souche
est peu épaisse. La racine est oblique et tronquée.

Le *P. montana* Lam. qui a beaucoup d'affinité
avec le *P. fuscescens* en diffère par la forme de ses

bractées qui sont ovales ou arrondies-elliptiques, leurs bords supérieurs étant bien plus inclinés que dans celles du *fuscescens*, et leurs bords inférieurs beaucoup moins. Son épi est court, ovale-arrondi. Le tube de la corolle est moins resserré à l'ouverture, et les lobes sont plus courts, de forme plus ovale, et légèrement bullés vers leur courbure à l'ombilic. Les anthères sont moins oblongues, à lobes de l'échancrure moins aigus, et presque de moitié plus courtes. La capsule est plus petite d'un tiers. Les graines sont également plus petites, très peu rugueuses, à côte bien plus prononcée, à sillon de la face intérieure plus large et plus égal; leur couleur est aussi bien moins foncée. Les feuilles sont moins velues, souvent glabriuscules. Les pédoncules sont moins exactement arrondis et plus courts. Toute la plante est plus basse et moins robuste, et les bractées ainsi que la corolle et le calice sont généralement d'un brun plus noirâtre.

Le *P. nivalis* Boiss. est très-reconnaissable à son feuillage couvert d'un duvet argenté laineux et très-abondant. Ses épis sont ronds et petits. Ses bractées sont obovales, à bords supérieurs bien plus relevés que dans le *fuscescens* et déprimés au milieu; la côte dorsale est épaisse, velue, peu saillante au sommet. Les divisions antérieures du calice ne sont pas émarginées au sommet. La capsule est bien moins allongée et plus petite que dans le *fuscescens*.

235

Les graines sont aussi plus petites et moins rugueuses. La taille de cette plante paraît toujours
fort petite. Elle croît dans les lieux un peu humides,
près des neiges, plutôt que dans les pâturages secs
comme le *P. fuscescens*.

Explication de la dixième planche.

Fig. A. PLANTAGO FUSCESCENS (N.).

1. La plante entière de grandeur naturelle.
2. Bractée grossie.
3. Fleur grossie.
4. Division antérieure du calice.
5. Division postérieure du calice.
6. Etamine.
7 et 8. Fleur, à la maturité de l'ovaire.
9. Capsule grossie.
10. Graine de grandeur naturelle.
11. Graine grossie vue sur la face externe.
12. La même vue sur la face interne.

Fig. B. PLANTAGO MONTANA Lam.

1. Epi en fleur de grandeur naturelle.
2. Epi fructifié.
3. Bractée grossie.
4. Fleur grossie.
5. Division antérieure du calice.
6. Division postérieure du calice.
7. Etamine.
8 et 9. Fleur, à la maturité de l'ovaire.
10. Capsule grossie.

11. Graine de grandeur naturelle.
12. Graine grossie vue sur la face externe.
13. La même vue sur la face interne.

Fig. C. PLANTAGO NIVALIS Boiss.

1 à 13. Les mêmes organes qu'aux numéros correspondants de la fig. B.

Fig. D. PLANTAGO LANCEOLATA L.

1. Bractée grossie.
2. Fleur grossie.
3. Division antérieure du calice.
4. Division postérieure du calice.
5. Etamine.
6 et 7. Fleur à la maturité de l'ovaire.
8. Capsule grossie.
9. Graine de grandeur naturelle.
10. Graine grossie vue sur la face externe.
11. La même vue sur la face interne.

Fig. E. PLANTAGO ARGENTEA Chaix.

1. La plante entière de grandeur naturelle.
2. Bractée grossie.
3. Fleur grossie.
4. Division antérieure du calice grossie.
5. Division postérieure du calice grossie.
6. Etamine.
7 et 8. Fleur à la maturité de l'ovaire.
9. Capsule grossie.
10. Graine de grandeur naturelle.
11. Graine grossie vue sur la face externe.
12. La même vue sur la face interne.

GENRE EUPHORBIA.

Euphorbia pyrenaica (N.), pl. 11, 1 à 12.

Ombelle souvent nulle et représentée par une fleur solitaire à l'extrémité des rameaux, ou à trois rayons uniflores, dressés, dépassant à peine les feuilles de l'involucre qui sont ovales-elliptiques, obtuses, faiblement denticulées sur les bords dans leur moitié supérieure. Involucelle à deux bractées égales, de forme ovale-rhomboïdale, arrondies ou un peu tronquées à la base, souvent un peu aiguës et denticulées à la marge. Involucre caliciforme à tube jaunâtre, turbiné, atténué en pédicelle à la base; à lobes internes purpurins, ovales, dentés au sommet, glabres; à lobes externes ou glandes d'un beau rouge foncé, arrondies-réniformes, très-entières. Etamines 12 à 15, peu inégales, à filets saillants; loges des anthères d'un jaune pâle et parfaitement rondes. Ovaire ovale; à pédicelle saillant hors du tube, souvent rougeâtre et dilaté au sommet en disque caliciforme entier appliqué sur la base de l'ovaire. Style divisé jusqu'au tiers inférieur en trois branches étalées, bifides et recourbées au sommet; à stigmates obovés-spatulés, verdâtres. Capsule globuleuse, trigone, arrondie sur les angles, très-glabre, munie de rugosités verruqueuses courtes obtuses éparses et très-inégales. Graine lisse, grisâtre, elliptique, longue de 3 mill. sur 2 mill. de large. Feuilles d'un vert clair un peu jaunâtre, très-glabres, très-

obscurément denticulées à la marge dans leur partie
supérieure, à veines et veinules en réseau visible à
l'état sec, étalées, ovales-elliptiques; les inférieures
rétrécies davantage à la base, arrondies tronquées
ou subémarginées au sommet; les supérieures plus ou
moins obtuses, rarement un peu aiguës. Tiges nombreuses, hautes de 4 à 8 centim., point raides, de
consistance herbacée, souvent très-contournées et
flexueuses, striées, un peu anguleuses, très-glabres,
jaunâtres, munies à leur base de petites écailles jaunes obtuses éparses. Souche horizontale, à ramifications nombreuses, grêles, jaunâtres, articulées;
chaque articulation portant à son sommet les débris
des vieilles tiges ou des tiges nouvelles.

J'ai découvert cette espèce le 22 juillet 1838, à
Athas dans la vallée d'Aspe (Basses-Pyrénées), sur
une montagne calcaire très-élevée qui domine ce
petit village. Elle croît en abondance sur le versant
méridional, à une hauteur d'environ 1,900 mètres,
au bas des rampes escarpées qui forment le sommet
de la montagne, parmi les menus débris des ro-
ches ou sur les rochers même, en société avec le
Lychnis pyrenaica Berg. et bon nombre des meil-
leures espèces de la Flore pyrénéenne. Je l'ai observée également sur le versant nord de la montagne, où
là seulement j'en ai trouvé quelques pieds pourvus
d'une ombelle, tandis que sur l'autre versant tous
les individus que j'ai pu voir, sans exception, avaient

les tiges terminées par une seule fleur, de sorte que cet état de la plante est beaucoup plus ordinaire que l'autre état qui semble cependant plus normal.

M. Bernard de Nantua, botaniste très-zélé, m'a dit avoir rapporté dernièrement la même plante des Pyrénées, et l'avoir déjà observée en 1816 près du Pas-d'Azun dans une localité voisine de celle que j'ai indiquée.

Obs. — En parlant de la localité où j'ai recueilli cette espèce intéressante d'Euphorbe, je crois à propos d'y signaler le *Lithospermum Gastoni* Benth. et le *Thalictrum macrocarpum* Gren., deux espèces curieuses dont on ne connaît encore qu'un petit nombre de localités et que j'y ai récoltées en nombreux exemplaires, à la même époque, ainsi qu'un *Pedicularis* fort remarquable qui me paraît une variété à fleurs rouges du *Ped. tuberosa* L., tout-à-fait analogue au *Ped. comosa* à fleurs rouges des Pyrénées-Orientales; les *Ped. tuberosa* L. et *comosa* L. étant à fleurs jaunes dans les Alpes.

L'*Euphorbia pyrenaica* a sa place à côté des *Euphorbia dulcis* L., *angulata* Jacq., *ambigua* W. et Kit., avec lesquels il est impossible de le confondre, à cause de sa petite taille et de son port qui est tout différent. Il est parfaitement glabre dans toutes ses parties. Ses tiges ordinairement uniflores sont grêles, plus ou moins flexueuses, écailleuses dans leur partie inférieure qui est souvent dénudée et très-allongée surtout quand elle croît sous les pierres et qu'elle s'étend pour chercher la lumière. Ses feuilles sont courtes, ovales-elliptiques, généralement obtuses, transparentes à l'état sec. Les involucres et les involucelles par leur forme et leur couleur se distinguent à peine des feuilles. Le périgone a environ 3 mill. de largeur au sommet et une hauteur égale; les glandes sont longues transversalement de 2 mill. sur 1 1/4 mill. de large. La capsule haute de 4 1/4 mill. sur 5 1/4 de large est semée de verrues difformes, inégales, disposées sur le flanc des coques qui présentent ainsi sur leur dos un intervalle lisse, indépendamment de l'intervalle valléculaire qui est lisse également.

Explication de la onzième planche.

EUPHORBIA PYRENAICA (N.).

1. La plante entière de grandeur naturelle avec les fleurs en ombelle.
2. La même avec les tiges uniflores.
3. Bractée du n° 1.
4. Fleur complète grossie.
5. Une portion de l'involucre grossi.
6. Etamine accompagnée de sa bractée.
7. Ovaire accompagné de son pédicelle et surmonté par les styles grossis.
8. Style à deux branches grossi.
9. Capsule de grandeur naturelle.
10. La même grossie.
11. Graine de grandeur naturelle.
12. La même grossie.

GENRE CAREX.

Carex olbiensis (N.), pl. 12, fig. A, 1 à 12.

Un seul épi mâle dressé, pédonculé, linéaire, atténué à ses deux extrémités, long de 20 à 25 mill.,
large de 3 à 4 mill. Deux ou très-rarement trois
épis femelles dressés, écartés, oblongs-linéaires, renfermant de 8 à 10 fleurs, longs de 20 à 30 mill.,
larges de 5 à 6 mill.; le supérieur à pédoncule très-
court et inclus dans la portion brièvement sémi-
vaginante de la bractée supérieure d'où sort l'épi
mâle qui dépasse le femelle de la moitié de sa longueur; l'inférieur à pédoncule allongé triquètre,
strié, un peu rude, dépassant plus ou moins la
gaîne de la bractée inférieure. Bractées entièrement
foliacées; la supérieure égalant l'épi mâle ou plus
courte; l'inférieure atteignant presque à sa base,
à gaîne longue de 10 à 30 mill. Ecailles des épis
mâles obovées-oblongues, cuspidées, largement
scarieuses, d'un roux pâle sur les côtés, vertes sur
le dos; à trois nervures rapprochées, réunies au
sommet, et prolongées en pointe saillante très-
rude-ciliée sur les bords ainsi que la nervure médiane depuis son milieu. Ecailles des épis femelles
assez semblables à celles des épis mâles, d'un roux
très-pâle, plus largement obovées, plus longuement cuspidées, à pointe égalant le fruit mûr

16

ou plus longue dans le bas de l'épi. Ovaire glabre,
obové-oblong, atténué à ses deux extrémités, surmonté par un style trifide. Fruit mûr dressé, obové,
fortement trigone, atténué à la base en pédicelle, et
au sommet en un bec très-court très-peu comprimé
dont l'orifice est denticulé et souvent un peu émarginé, de couleur pâle un peu fauve, marqué de 27
nervures fines d'un fauve roux dont deux latérales
verdâtres et un peu plus saillantes se prolongent sur
le bec et sont munies vers le haut de quelques cils
lancéolés acuminés et inclinés en avant, long de
5 1/4 mill., large de 2 1/2. mill. Akène d'un roux
pâle, obové, fortement trigone, à côtes relevées surtout au sommet, à intervalles des côtes déprimés
dans la partie inférieure, surmonté par la base du
style persistante et très-courte, plus court que la
cavité utriculaire qui est membraneuse et très-
mince, et la remplissant exactement en largeur, long
de 3 1/2 mill. sur 2 1/2 mill. de large. Feuilles vertes,
dressées, assez fermes, un peu dépassées par les tiges,
larges de 5 à 7 mill., planes, canaliculées en-dessus
dans leur milieu, carénées en-dessous, très-glabres,
rudes sur les bords et sur la carène, à nervures nombreuses et assez saillantes ; les inférieures courtes,
squammiformes et d'un brun violacé ainsi que le bas
des gaines. Tiges dressées, inclinées au sommet, assez
grêles, triquètres, striées sur les faces, presque lisses
sur les angles, assez garnies de feuilles, hautes de

3 à 4 décim. Souche cespiteuse ; à rhizômes épais ,
noueux, rameux, produisant des bourgeons d'abord
un peu étalés puis redressés et rapprochés en faisceau,
émettant des fibres contournées raides grossières
non striées et munies de fibrilles peu nombreuses.

Je l'ai découvert dans les bois des Maures près
Hyères (Var), au lieu dit Plan-du-Pont, et çà et là
dans des localités voisines. Il croît dans les lieux
secs, mais ombragés; et fleurit en mai.

Ce *Carex* remarquable appartient à la section des
Carex depauperata Good. , *brevicollis* D. C. , *Michelii* Schk., dont il constitue une des espèces les
plus tranchées. Il a aussi quelque affinité avec les
Carex pilosa All., *sylvatica* Huds. ; mais ses caractères sont si distincts que je ne sais pas avec quelle
espèce il serait possible de le confondre au premier
aspect. Je pense néanmoins qu'il est plus voisin du
Carex depauperata Good. que de tout autre. Ce
dernier qui se rapproche du *Carex olbiensis* par son
aspect et son mode de végétation, a des feuilles bien
plus étroites et plus molles. Ses bractées sont plus
allongées. Ses épis mâles sont plus courts et plus longuement pédonculés. Ses épis femelles n'ont que 3 à
5 fleurs. Ses fruits sont de forme ovoïde, faiblement
trigones, rétrécis en pédicelle plus court, et terminés
par un bec très-allongé et scarieux au sommet. Ses
écailles sont verdâtres, brièvement acuminées et
bien plus courtes que le fruit. Les fibres de sa racine

sont aussi beaucoup plus fines et à fibrilles plus nombreuses.

Les caractères du *C. olbiensis* peuvent se résumer
ainsi : un seul épi mâle, deux épis femelles très-lâ-
ches et pauciflores, écartés l'un de l'autre; le supérieur très-rapproché de l'épi mâle. Bractées allongées, foliacées. Ecailles obovées, cuspidées. Fruit
glabre, obové, trigone, atténué en pédicelle, terminé par un bec court étroit et denticulé à l'orifice. Akène obové, fortement trigone. Feuilles larges,
fermes, dressées, d'un brun violet à la base. Tiges
triquètres, inclinées au sommet, dépassant un peu
les feuilles. Souche cespiteuse. Fibres de la racine
grossières non striées.

Le *C. brevicollis* D. C. est très-éloigné du *C. olbiensis*; mais comme il est rare et assez peu connu,
je crois utile d'en donner la description suivante.

Un seul épi mâle longuement pédonculé, deux
épis femelles éloignés de l'épi mâle et écartés l'un
de l'autre, épais, assez denses, renfermant de 15 à
30 fleurs. Bractées toutes deux longuement vaginantes et terminées en pointe bien plus courte que
l'épi qu'elle accompagne. Écailles très-rousses,
brièvement cuspidées et de la longueur du fruit.
Ovaire légèrement pubescent. Fruit de couleur jaunâtre, arrondi-obové, très-renflé, terminé par un
bec court tronqué obliquement et plus ou moins
bifide au sommet. Akène brun, arrondi, marqué de

trois nervures ou côtes filiformes saillantes et formant trois angles, surmonté par la base du style
persistante et très-allongée. Feuilles larges de 4 à 6
mill., assez longues, dépassant à la fin les tiges.
Celles-ci dressées, peu fermes, souvent flexueuses,
trigones et lisses. Souche cespiteuse ; à rhizomes
obliques, très-allongés, couverts des nervures persistantes des feuilles détruites, émettant des fibres
striées d'une manière remarquable et très-chargées
de fibrilles courtes plus ou moins laineuses.

Ce *Carex* est remarquable par sa précocité et la
caducité de ses fruits qui avortent aussi très-souvent,
ce qui est cause sans doute qu'on l'a décrit comme
ayant des épis formés de 6 à 10 fleurs, tandis que
j'ai compté jusqu'à 30 fruits sur un seul épi, lorsque le développement s'était fait dans des conditions favorables. Il croît en société avec le *Carex*
præcox Jacq., *gynobasis* Vill. *montana* L.; et ces
derniers sont encore en bon état que déjà il a pris
un aspect de caducité, et que ses fruits se détachent
au moindre choc. Sa tige est trigone, mais non
triquètre et à angles aigus, comme elle est décrite
par De Candolle. Ses fruits vus à la loupe paraissent couverts de petits poils épars. D'après ce caractère, d'après la forme du bec du fruit, et surtout
celle de l'akène, je pense qu'il serait plus convena-
blement placé dans la section des *Carex* à fruit pubescent et à bec très-court tronqué obliquement.

Le *C. Michelii* Schk. avec lequel on a voulu le confondre me paraît très-distinct par ses épis pauciflores, ses fruits glabres à long bec, et sa taille moins robuste.

J'ai récolté le *C. brevicollis* à Parves près Belley (Ain), localité unique en France où il a été signalé par Auger. Il croît sur une colline calcaire boisée, à l'exposition du midi, et fleurit à la fin d'avril. C'est sans contredit avec le *Carex olbiensis* une de nos espèces françaises les plus rares et les mieux caractérisées.

Carex basilaris (N.), pl. 12, fig. B, 1 à 12.

Un seul épi mâle dressé, pédonculé, oblong, rétréci à la base, long de 10 à 15 mill., large de 4 à 5 mill. Deux à quatre épis femelles ovales-oblongs, renfermant de 15 à 20 fleurs, longs de 8 à 10 mill., larges de 4 à 5 mill., quelquefois plus petits; un supérieur (rarement deux) assez rapproché de l'épi mâle, dressé, à pédoncule long de 4 à 10 mill., dépassant plus ou moins la portion vaginante de sa bractée, assez fin, trigone et cilié-scabre sur les angles; un ou deux, quelquefois trois naissant de la partie inférieure des tiges, très-près de leur base, parfois mâles au sommet et portés sur des pédoncules grêles, allongés, inclinés à la maturité, toujours dépassés par les feuilles, un peu rudes près du

sommet. Bractées herbacées, auriculées-membra-
neuses vers la base, l'inférieure atteignant l'épi
mâle ou plus courte. Ecailles des épis mâles rousses
sur les bords, plus pâles au milieu, à nervure dorsale prolongée au sommet en pointe plus ou moins
saillante et quelque peu rude. Ecailles femelles
roussâtres, un peu vertes sur le dos, obovées-oblongues, longuement cuspidées, à nervure dorsale
et pointe très-ciliée-scabre. Ovaire pubescent, oblong, atténué aux deux extrémités, surmonté par
un style trifide. Fruit mûr dressé, arrondi-elliptique, à angles presque nuls, atténué à la base en
pédicelle, prolongé au sommet en un bec conique
dont l'orifice est bidenté et tronqué un peu obliquement, couvert de petits poils assez nombreux, d'un
vert jaunâtre, à la fin de couleur grise, pourvu de
nervures peu visibles dont trois plus saillantes,
long de 3 1/4 mill., large de 1 1/2 mill. Akène de
couleur très-brune, de forme elliptique, pédicellé à
la base, surmonté par la base du style, offrant trois
angles marqués par trois nervures ou côtes filiformes saillantes en relief et blanchâtres, long de 2 1/2
mill., large de 1 1/2 mill. Feuilles d'un vert clair
jaunâtre, dressées, un peu courbées au sommet,
plus courtes que les tiges, larges de 2 à 4 mill.,
planes, carénées, très-glabres, rudes sur les bords
et sur la carène, à nervures assez marquées. Tiges
dressées, peu fermes, assez grêles, trigones, à an-

gles aigus, un peu rudes au sommet, et nues dans la plus grande partie de leur longueur, hautes de 1 à 2 déc. Souche cespiteuse, compacte; formée de rhizômes obliques, couverts des nervures persistantes des feuilles détruites, émettant des faisceaux de feuilles assez denses et des fibres grossières dépourvues de stries.

Je l'ai découvert au cap de la Croisette près Cannes (Var), où il croît dans les fossés et les lieux plutôt humides que secs. Il fleurit en avril.

Ce *Carex* se rapproche du *C. gynobasis* Vill. par la disposition de ses épis femelles dont plusieurs partent de la base des tiges absolument de la même manière, mais il s'en éloigne par une série de caractères si tranchés, qu'il n'est pas possible de le considérer comme plus voisin de cette espèce que des autres du même groupe, telles que les *C. præcox* Jacq., *umbrosa* Host., *ericetorum* Poll., *montana* L. etc.

En effet, le *C. gynobasis* Vill. a pour caractères: un épi mâle presque sessile; un à trois épis femelles petits, pauciflores, presque arrondis, rapprochés au sommet des tiges et presque sessiles; un à trois épis femelles basilaires de même forme que les supérieurs et portés sur des pédoncules capillaires flexueux très-inclinés à la maturité; des écailles ovales-oblongues, un peu aiguës, jamais cuspidées, rousses avec la marge blanche et le dos vert, dépassées par les fruits mûrs. Ceux-ci sont assez gros, oblongs-obovés, fortement trigones, à bec très-court tronqué très-obliquement et faiblement émarginé, parsemés de poils très-courts visibles à la loupe, munis de 20 nervures très-nettes, d'un vert blanchâtre, et longs de 5 mill. sur 2 1/4 mill. de large. L'akène est obové-elliptique, fortement trigone, marqué de fines nervures, et d'une couleur pâle grisâtre. Ses feuilles sont d'un vert pâle mais point jaunâtre, plus étroites et plus fortement carénées en-dessous. Ses rhizômes sont chargés de même des nervures persistantes des feuilles détruites ; mais les fibres présentent des stries assez visibles.

Le *C. tenuifolia* Poir. H. 2, p. 254 est une espèce douteuse indiquée en Barbarie, qui paraît très-voisine du *C. gynobasis* Vill. D'après la description qu'en donne Lamark, Enc. v. 3, p. 392, il se distingue par des feuilles très-étroites filiformes et plus longues que les tiges, des épis femelles pauciflores à écailles à peine pointues, dont plusieurs naissent du bas des tiges. Ces caractères qui ne conviennent pas au *C. basilaris* le rapprochent singulièrement du *C. gynobasis* dont je possède une forme à feuilles très-étroites et dépassant longuement les tiges, que j'ai récoltée à Pierre-Chatel (Ain).

Le *C. depressa* Link. indiqué en Portugal et figuré par Schkuhr Car. 2, 45, C. e. c., a tous les épis femelles radicaux, et l'épi mâle solitaire. Ses fruits sont obtus et triquètres. Il parait voisin du *C. gy-nobasis* Vill., mais très-distinct de l'espèce nouvelle que je viens de décrire, dont les caractères essentiels peuvent être ainsi résumés :

Un seul épi mâle terminal. Un ou deux épis femelles rapprochés de l'épi mâle, elliptiques-oblongs, renfermant de 15 à 20 fleurs ; deux ou trois autres épis femelles parfois androgynes à long pédoncule naissant près de la base de la tige. Bractées foliacées vaginantes. Ecailles femelles obovales, longuement cuspidées et dépassant les fruits. Fruit pubescent, arrondi-elliptique, atténué à là base, terminé par un bec conique bidenté et tronqué un peu obliquement. Akène brun, obové-elliptique, à trois côtes filiformes. Tiges assez grêles, flexueuses, trigones, dépassant les feuilles. Souche cespiteuse à fibres grossières.

Explication de la douzième planche.

Fig. A. CAREX OLBIENSIS (N.).

1. La plante entière de grandeur naturelle.
2. Ecaille de l'épi mâle.
3. La même grossie.
4 et 5. Ecaille de l'épi femelle.
6. Ecaille n° 5 grossie.
7. Ovaire surmonté des trois stigmates.
8. Fruit ou utricule de grandeur naturelle.

9. Le même grossi.
10. Moitié supérieure du fruit grossie.
11. Akène de grandeur naturelle.
12. Le même grossi.

Fig. B. CAREX BASILARIS (N.).

1 à 12. Les mêmes organes qu'aux numéros correspondants de la fig. A.

ERRATA.

Pag. 16 l. 28 Renter,   lisez Reuler.
— 29 — 28 anthères lilacées   — anthères blanchâ-
                                                      tres.
— 63 — 11 2 à 8 mill.   — 2 à 3 mill.
— 99 — 26 enc. p 578   — enc. 2, p. 578
— 111 — 18 1, p. 124   — 1, p. 184
— 115 — 28 à lobes plus brièvement — à lobes des corolles
                                                      plus brièvement
— 125 — 2 à nervures   — à nervure
— 133 — 15 sur le bas   — vers le bas
— 134 — 15 Gondargue   — Goudargue
— 138 — 1 fig. 4   — fig. A
— 148 — 7 G. concinnum (N.).   — G. lœtum (N.).

TABLE

DES GENRES ET DES ESPÈCES.

———••••———

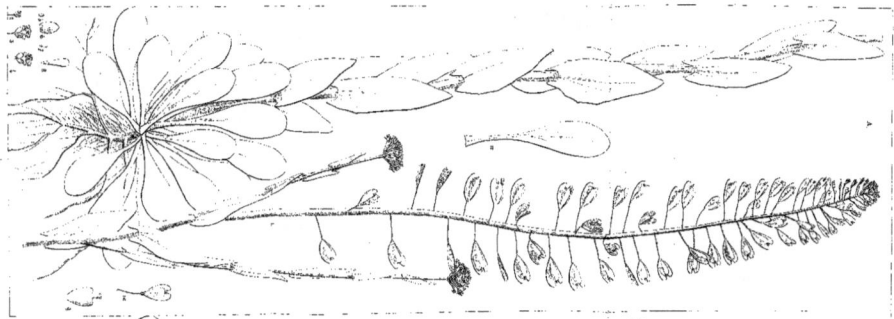

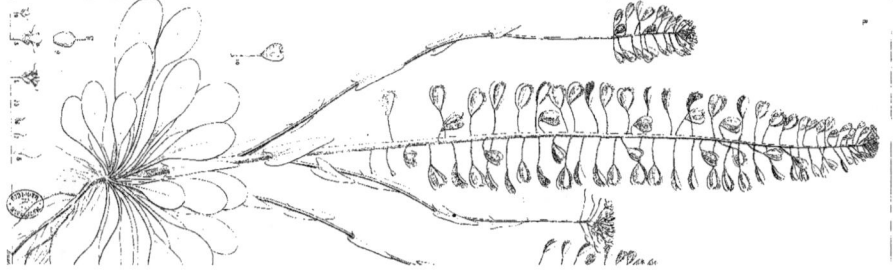

A. Thlaspi brachypetalum.

B. Thlaspi sylvestre.

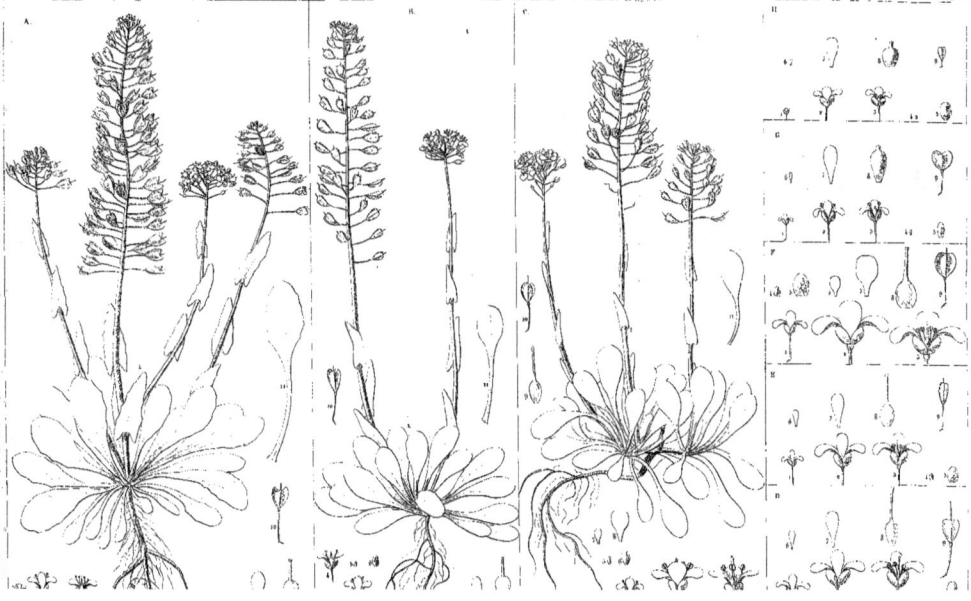

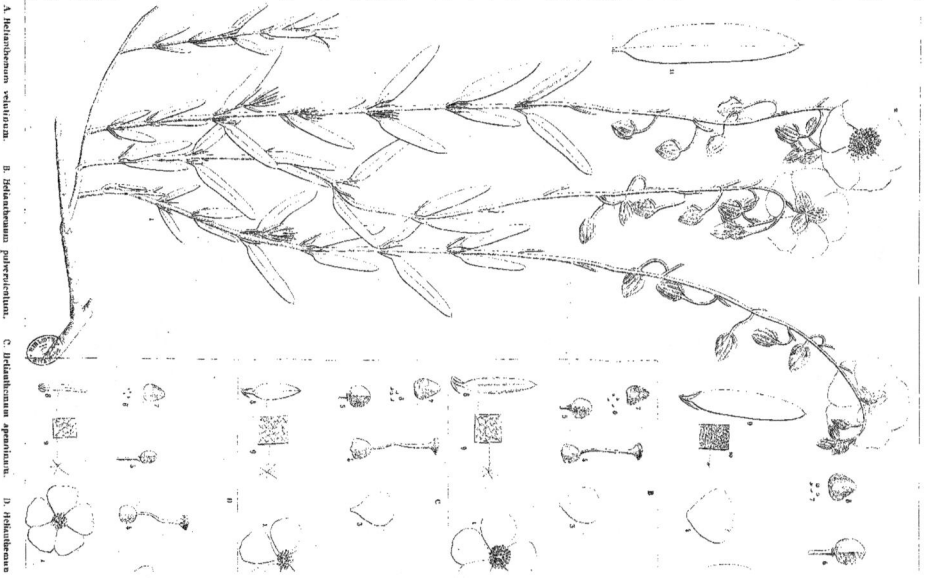

A. Helianthemum velutinum.   B. Helianthemum pulverulentum.   C. Helianthemum apenninum.   D. Helianthemum

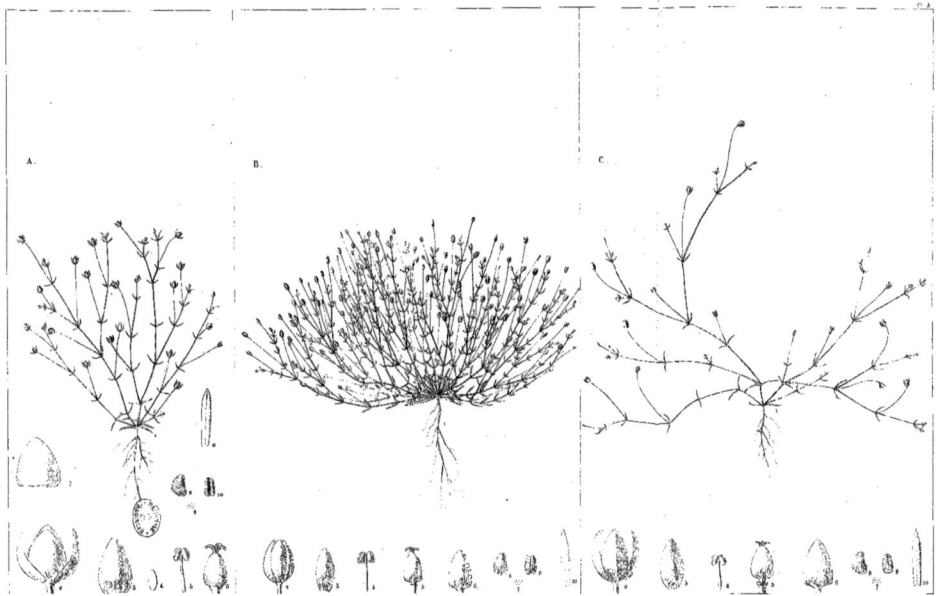

A.   B.   C.

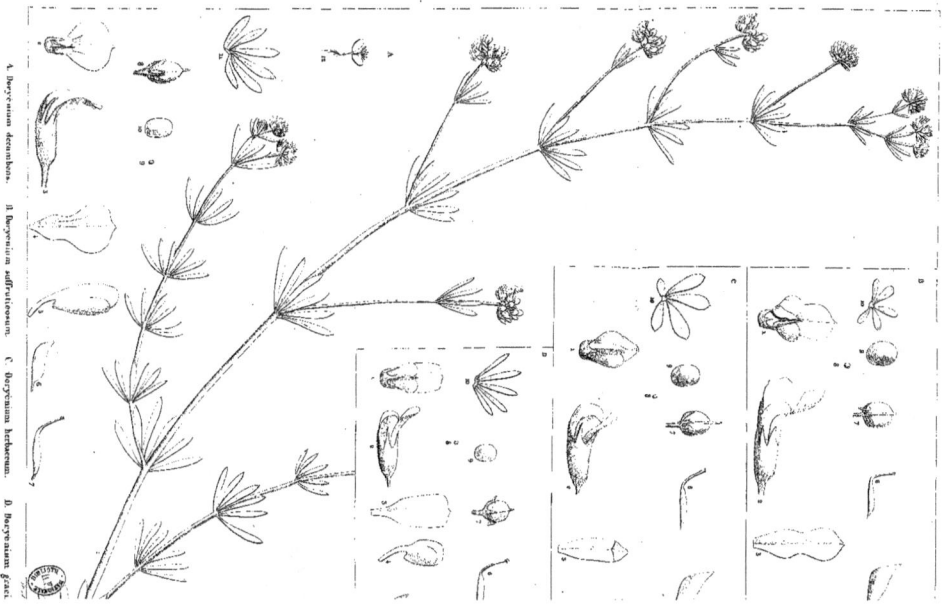

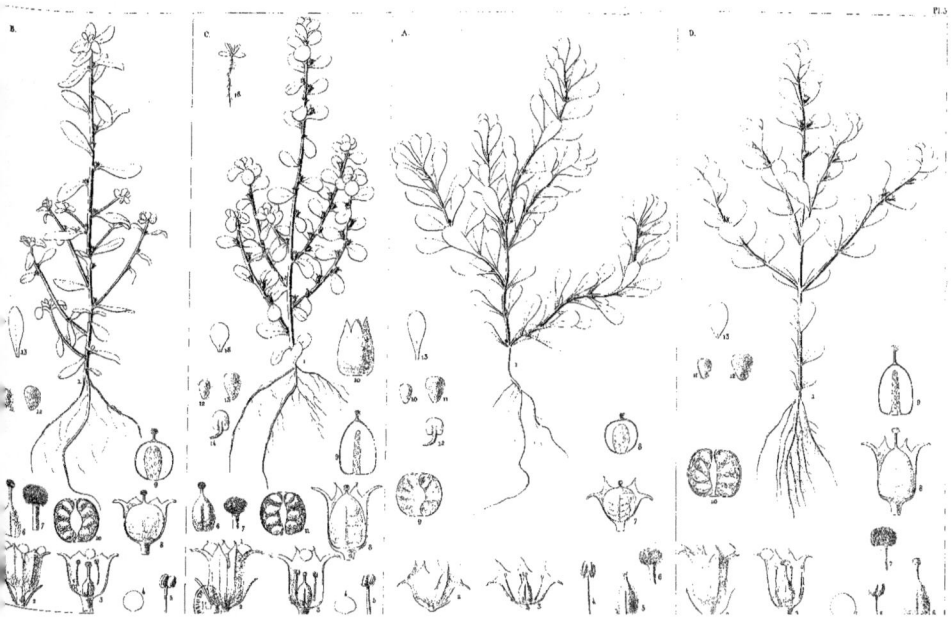

Pl.5

Pl. 9.

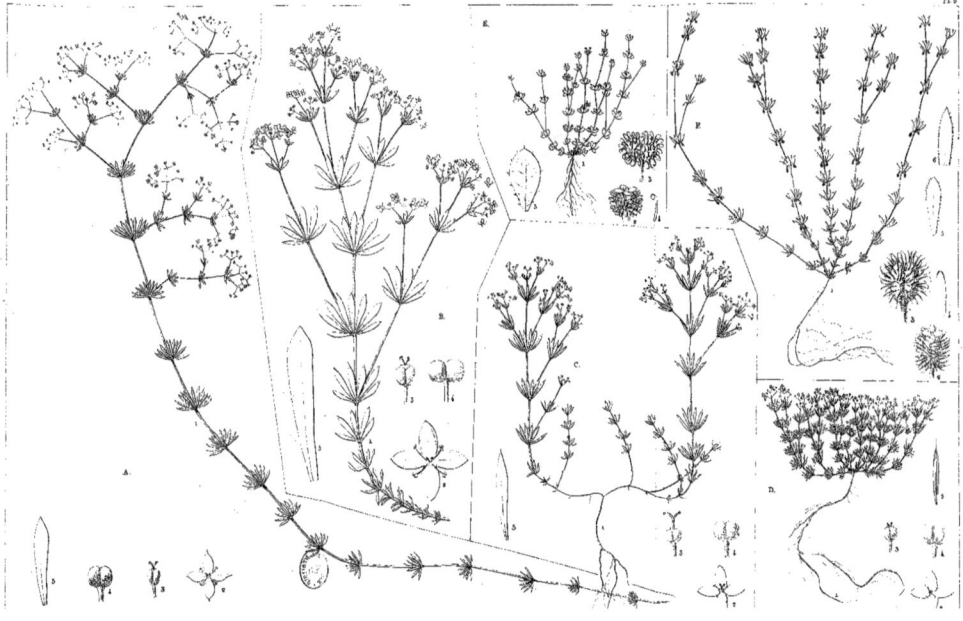

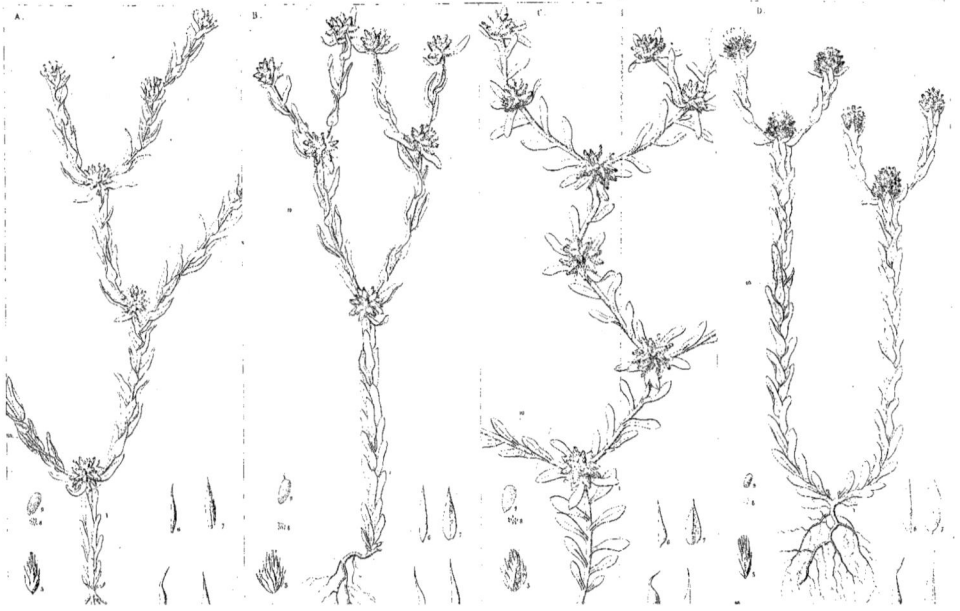

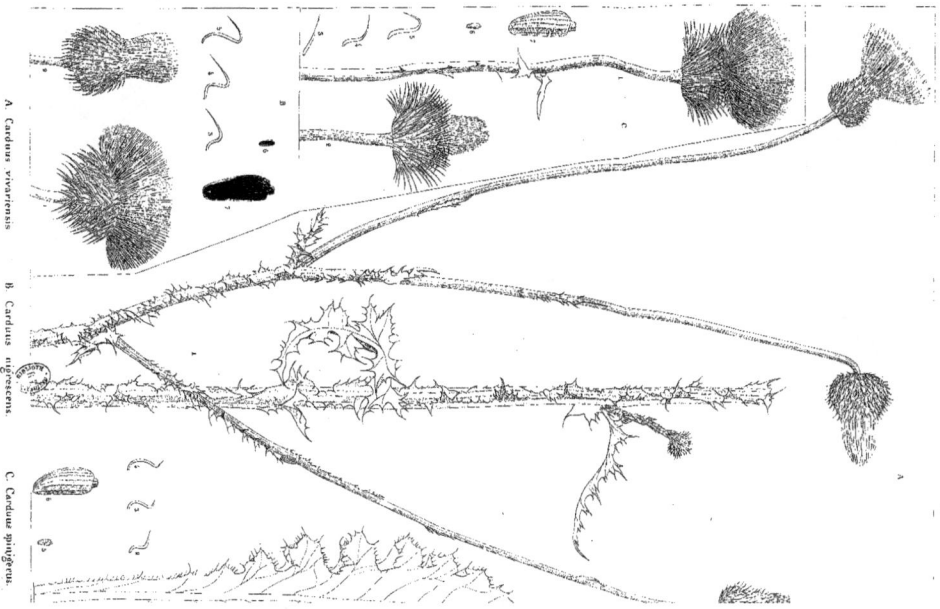

A. Carduus vivariensis   B. Carduus nigrescens.   C. Carduus spinigerus.

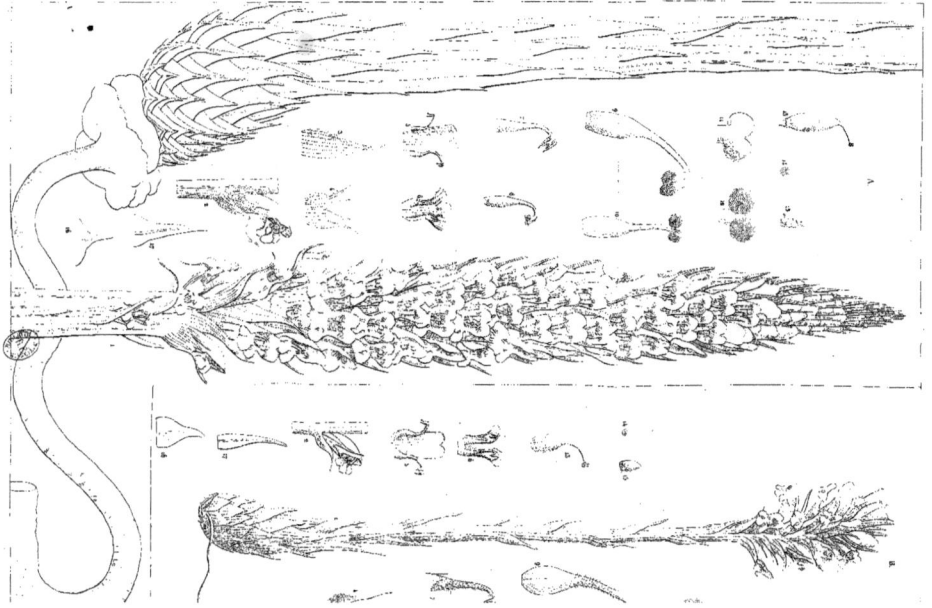

A. Orobanche Laserpitii-Sileris.

B. Orobanche fuliginosa.

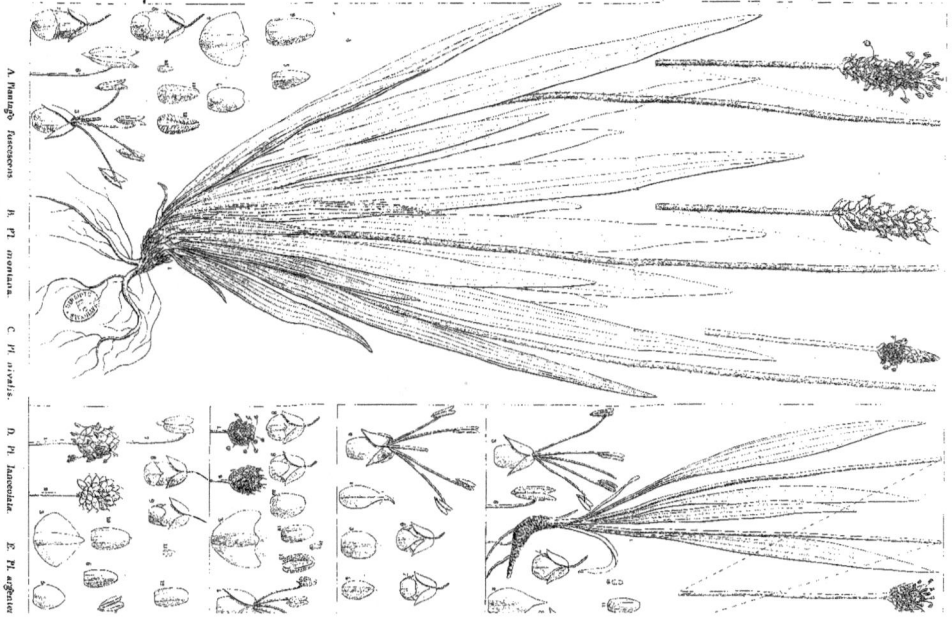

A. Plantago flavescens.   B. Pl. montana.   C. Pl. nivalis.   D. Pl. lanceolata.   E. Pl. alpina

Pl. 11

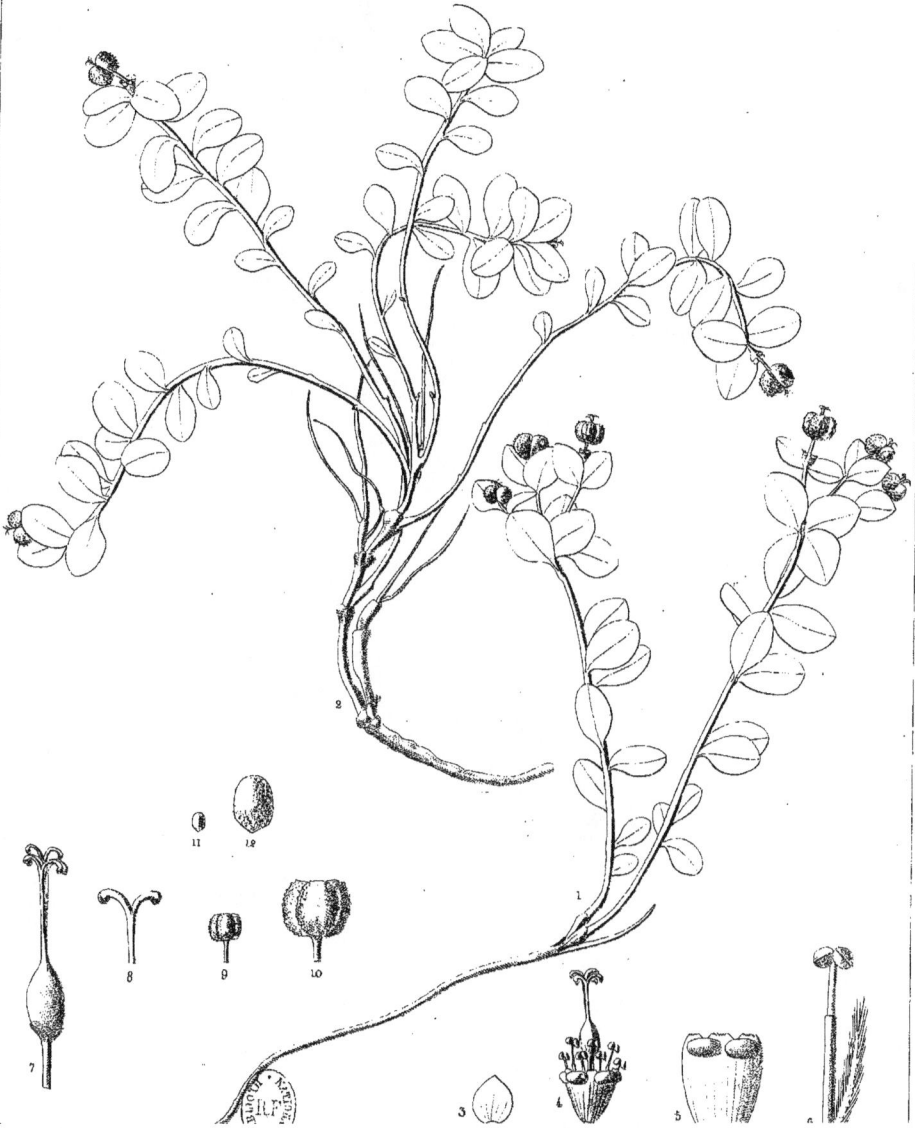

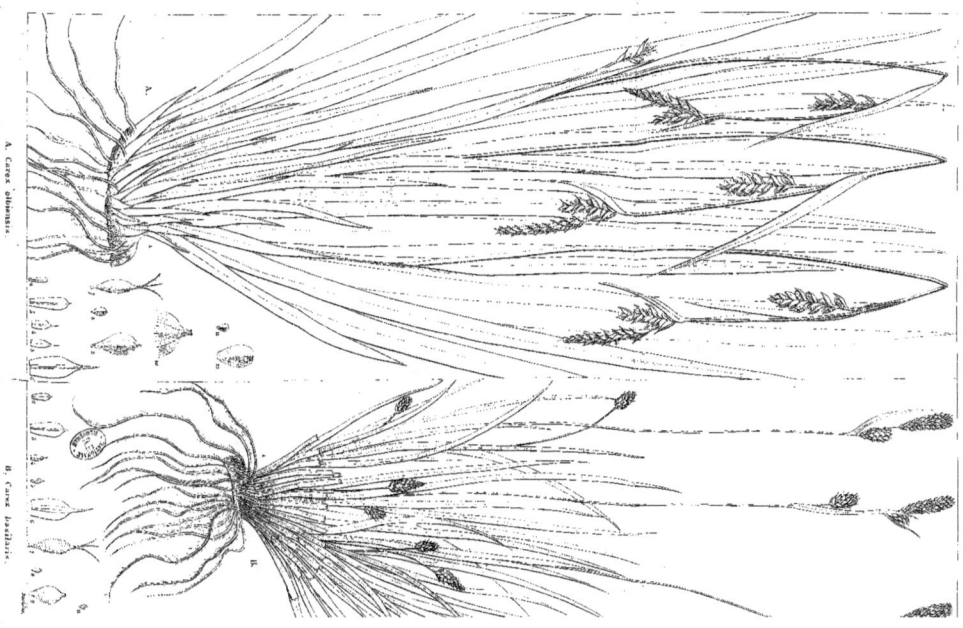